AF543666

Affen

Ein Portrait
von
Volker Sommer

NATURKUNDEN

NATURKUNDEN № 94

herausgegeben von Judith Schalansky
bei Matthes & Seitz Berlin

Inhalt

Ouvertüre.
Unserm Affen Zucker geben

Unsere Sprache ist ein Zoo – wir sagen spinnefeind, mucksmäuschenstill, mopsfidel, fuchsteufelswild oder saudumm. In einer anderen Liga spielen jedoch Vergleiche mit einem ganz besonderen Tier, was schon die Wochenzeitschrift *Fliegende Blätter* im Jahr 1859 auf den Punkt brachte: »Der Affe ist der Mensch unter den Tieren.« Wilhelm Busch fasste diese intuitive Einsicht als Gespräch zwischen Vater und Sohn eloquent in Reime:

»Heut in der Stadt, da wirst du gaffen.
Wir fahren hin und sehn die Affen.
Sie kraulen sich,
Sie zausen sich,
Sie hauen sich,
Sie lausen sich,
Und essen tun sie mit der Hand,
Und alles tun sie mit Verstand,
Und jeder stiehlt als wie ein Rabe.
Paß auf, das siehst du heute.«
»O Vater«, rief der Knabe,
»Sind Affen denn auch Leute?«
Der Vater sprach: »Nun ja,
Nicht ganz, doch so beinah.«

Ja, zweifellos: Affen stehen uns nahe. Aber weil die Nähe nur ein ›Beinahe‹ ist, nehmen wir sie gern als bloße Karikaturen unserer selbst wahr. Egal also, ob wir krumm dasitzen, besoffen sind, überzogen reagieren, uns blamieren, sinnlos verknallt oder über etwas verwundert sind, oder einfach nur dumm oder affektiert – eine entsprechende Metapher rollt leicht von der Zunge: wie ein Affe auf dem Schleifstein sitzen, einen Affen haben, vom wilden Affen gebissen sein, sich zum Affen machen, an jemandem einen Affen gefressen haben, mich laust der Affe! Du blöder Affe, Lackaffe. Eine lange Liste, fürwahr.

Affen linguistisch einer negativen Anthropologie zu unterwerfen, ist selbstverständlich eine Affenschande – und basiert weniger auf Biologie als auf menschlicher Ignoranz und Arroganz. Dass wir selber, wie erstmals der schwedische Naturforscher Linné im 18. Jahrhundert konstatierte, zur Säugetierordnung der Primaten gehören, genügte andererseits, um selbstgefällig die Gruppe insgesamt zu adeln. Denn das Lateinische *primus*, von dem sich der Name der Ordnung ableitet, bedeutet immerhin ›der Erste‹. Wobei wir unserem inneren Affen noch mal extra Zucker geben, indem wir uns selbstverständlich als die Allerersten unter den Ersten begreifen, als Krone der Schöpfung.

Rückversichernde Abgrenzung lässt auch der Vater populärwissenschaftlicher Tierbeschreibung Alfred Edmund Brehm in sein sechsbändiges *Illustrirtes Thierleben* einfließen. Die »Eigenthümlichkeiten« der Affen müssten demnach »auch den oberflächlichsten Beobachter das Thier im Gegensatze zum Menschen erkennen lassen, [...] um die unübersteigliche Schranke festzustellen, welche Mensch und Thier auf ewig scheidet«.

Dieses 1864 verkündete Dogma von der unüberwindbaren Trennung zwischen Tier und Mensch des überaus gebildeten Zoologen erscheint umso bemühter, als bereits fünf Jahre zuvor

Charles Darwin in *Über die Entstehung der Arten* deren abgestufte Ähnlichkeit auf eine gemeinsame stammesgeschichtliche Wurzel zurückgeführt hatte. Affen rückten uns damit nicht nur metaphorisch, sondern leibhaftig auf die Pelle, weil wir Menschen mit einem Mal selbst mit Haut und Haar zu Tieren wurden. Damit stellte der englische Naturforscher ein vertrautes Schema auf den Kopf: Die vom Schöpfer engelsgleich geschaffenen Menschen verloren zwar ihren Status durch die Sünde – doch ein ›Abstieg von den Engeln‹ schien ehrenwerter als der von Darwin propagierte ›Aufstieg von den Affen‹. Der zeitgenössische Politiker Benjamin Disraeli polemisierte entsprechend gegen den Versuch, eine schmeichelhafte Devolution durch eine ernüchternde Evolution zu ersetzen: »Die Frage lautet: Ist der Mensch ein Affe oder ein Engel? Mein Gott, ich bin auf der Seite der Engel.«

Durch die Evolutionsbiologie verschärfte sich erneut die Notwendigkeit, Stellung zu beziehen hinsichtlich unseres Verhältnisses zu Affen, ein Prozess, der sich über Jahrtausende in ewiger Dialektik von Abgrenzung und Aneignung, von Bestialisierung und Humanisierung entfaltete. Die Ambivalenz von reflexhafter Zurückweisung trotz intuitiver Nähe ist vielfach thematisiert worden. »Der Affe ist eine Satyre auf den Menschen«, stellt Georg Wilhelm Friedrich Hegel fest, »die dieser gerne sehen muß, wenn er es nicht so ernsthaft mit sich nehmen, sondern sich über sich selbst lustig machen will.« Ähnlich Friedrich Nietzsche: »Was ist der Affe für den Menschen? Ein Gelächter oder eine schmerzliche Scham.« Zweifellos lassen sich diese Tiere gut für selbstironische Nabelschau instrumentalisieren – bei Erich Kästner: »Die ersten Menschen waren nicht die letzten Affen«, ebenso wie bei Mark Twain:

»Enttäuscht vom Affen, schuf Gott den Menschen. Danach verzichtete er auf weitere Experimente.«

Wie solche Beispiele demonstrieren, wird die reflexive Frage ›Was ist der Mensch?‹ gern in Verbindung gebracht mit dem Verhältnis von Mensch zu Tier, von Kulturwesen zu Naturwesen. Laut jüdisch-christlicher Tradition offenbart der Dualismus eine gottgegebene Demarkation, und sie zu überschreiten wäre Gotteslästerung. Affen allerdings rütteln besonders penetrant an dem Grenzzaun und bedrohen damit menschliche Identität. In anderen Religionen hingegen ist die Barriere durchlässiger, weil Naturwesen oft vergöttert werden, was Metamorphosen zwischen Menschen und Tieren erlaubt.

Die mesoamerikanische Kosmologie unterscheidet mehrere Weltalter – und Affen gelten dabei als Zerrbilder eines vergangenen Menschengeschlechts. Das *Popol Vuh* als heiliges Buch der Maya hingegen beschreibt den Affen Ozomatli als Gott von Fest und Tanz. Verbunden mit Kunst, Spiel und Spaß galten die unter seinem Zeichen Geborenen als vom Glück beschenkt. Auf der anderen Seite des Pazifiks findet sich der zwölfjährige Tierzyklus des chinesischen Zodiakus, wobei das neunte Jahr dem Affen geweiht ist – einem Tier, das als spielfreudig, flexibel und zuweilen durchtrieben gilt. Wer also etwa 1980, 1992, 2004 oder 2016 geboren wurde, dem wird ein kreatives und erfolgreiches Leben prophezeit.

Besonders porös ist die Mensch-Tier-Grenze im Hinduismus, da die Geschöpfe nicht auf ewig in ihrer jeweiligen zoologischen Kategorie eingesperrt sind, sondern ihnen durch Wiedergeburt die Möglichkeit einer Transmutation offensteht, bis hin zur Auflösung der eigenen Form im Nirvana. Auf be-

Vergöttert werden Affen im Hinduismus – speziell der hier auf einem schmalzigen Votivbildchen abgebildete langschwänzige Hanuman, unermüdlicher Streiter gegen dunkle Mächte.

sonders gutem Weg dorthin befindet sich Hanuman, ein bei Gläubigen hoch angesehener Gott in Affengestalt, half er doch mittels einer ganzen Armee von Affen, den Dämonenfürsten

Verteufelt wurden Affen im christlichen Mittelalter – als aus dem Himmel gefallene Engel, wie auf Meister Bertrams Grabower Altar (14. Jahrhundert).

zu besiegen. Hanumans Heldentaten führen dazu, dass Affen von Indien über Thailand bis nach Indonesien verehrt werden. Von Gläubigen gefüttert, vermehren sich diese ›Tempelaffen‹ speziell in der Nähe von Heiligtümern.

Sakrales Treiben im antiken Ägypten baute ebenfalls auf Affen. Hier galten männliche Mantelpaviane als eine der Inkarnationen von Thot, dem Mondgott und damit zugleich Gott der Zeit, überdies verantwortlich für Wissenschaft, Magie und Schreibkunst. Angeblich legten Priester frisch gefangenen Pavianen Schreibgeräte vor. Kritzelten sie damit, wurden sie Thot geweiht – schließlich musste der affengestaltige Gott in der Unterwelt als Protokollant des Totengerichts fungieren. Vielleicht wurde die Verehrung durch die majestätische Sitzhaltung der Affen inspiriert, ihren eindrücklichen Haarmantel und das mächtige Haupt. Letzteres gleicht einem ›Hundskopf‹, woher sich die griechische Artbezeichnung *Cynocephalus* ableitet, was wiederum auf Thots Fähigkeit verweist, zwischen menschlichen und tierlichen Zuständen zu wechseln.

Das christliche Mittelalter hingegen sah in Affen nichts Gutes, sondern verstand sie als Verkörperungen des Teuflischen. Sie gerieten wegen ihrer Menschenähnlichkeit und ihrer himmelstrebenden Kletterkünste in Verruf – beides Indizien der frevelhaften Ambition, mehr sein zu wollen, als man ist. Genau darin besteht auch die Sünde des Engels Luzifer, will er doch höher hinaufsteigen, um sich Gott ähnlich zu machen, was in seinem tiefen Sturz endet. In Analogie zum »Fürsten dieser Welt« (Joh 12,31) wurde der ›Affe der Welt‹ ein geflügeltes Wort.

Die *Figura diaboli* bevölkerte die abendländische Bildwelt bis in die gotische Ära, um schließlich milderen Urteilen zu

Nicht mehr als leibhaftige Teufel, sondern lediglich als Gefangene diabolischer Lüsternheit stellte Pieter Bruegel der Ältere Affen dar (16. Jh.).

weichen. Denn mit dem Aufblühen des städtischen Markttreibens führten immer häufiger lebendige Affen im Gefolge von Gauklern und Artisten ihre Späße auf, was ihnen eine gewisse Sympathie des Publikums eintrug. In ihrer neuen Rolle waren Affen deshalb nicht mehr der Satan selbst, sondern dessen Opfer. Eindrücklich zeigt dies das Gemälde *Zwei Affen* (1562) von Pieter Bruegel dem Älteren, das sich als Allegorie für menschliche niedere Triebe deuten lässt. In einer Mauernische über dem weiten Hafen von Antwerpen angekettet, tauscht das Duo seine Freiheit offenbar gegen ein paar Nüsse, deren Schalen noch herumliegen. So unzähmbar ihre Gefräßigkeit, so hoffnungslos liegen die beiden nun in den Banden des Teufels.

Das Image des sündigen Affen wich im Spätmittelalter mehr und mehr dem des Narren mit seinen ach so menschlichen Neigungen zu weltlicher Ausschweifung. Darauf spielt auch Albrecht Dürer in seiner Federzeichnung *Der Affentanz* (1523) an, in der ein behaarter Zeremonienmeister phallische Virilität deutlich zur Schau stellt. Die Rezeption der Affengestalt verweltlichte stetig weiter – und kaprizierte sich zunehmend auf das Phänomen der ›Nachäffen‹ genannten Imitation. So greift Wilhelm Busch in seiner Bildergeschichte *Fipps der Affe* (1879) eine Fabel auf, wonach ein Tierfänger einen Affen durch das Abstellen von Stiefeln überlistet: Der Neugierige schlüpft hinein und kann nicht mehr schnell genug entkommen. Eine negative Bewertung des Nachäffens spiegelt sich ebenfalls in der Phrase *ars simia naturae* wider: Kunst ist der Affe der Natur. Im 19. Jahrhundert drückte der Sinnspruch eine Geringschätzung von Malerei und Skulptur aus, die sich mühte, die Natur nachzuahmen und zu kopieren – wodurch sich der Künstler zum Affen Gottes degradierte.

Wie der Exkurs durch die Symbolik belegt, war es um *naturgemäße* Tierkunde von der Antike bis ins Mittelalter schlecht bestellt – eine Rezeption, die sich erst in der wissenschaftlich orientierten Neuzeit ändern sollte. Was ist also dran an Affenzahn und Affenliebe, und was wird im Affentheater gespielt? Der Frage gehe ich naturkundlich nach, informiert und inspiriert durch eine jahrzehntelange Karriere als Primatologe.

Populär-biologisch werden Affen unterteilt in Halbaffen, Tieraffen und Menschenaffen. Deshalb zu Anfang das Geständnis, dass der Titel dieses Buches irreführt – weil Menschenaffen hier nicht thematisiert werden. Der Grund liegt nicht darin, dass ich sie uninteressant fände. Schließlich habe ich ausführlich über Gibbons, Orang-Utans, Gorillas, Schimpansen und Bonobos publiziert, basierend auf Forschungen in Regenwäldern Asiens und Afrikas. Insofern weiß ich, wie faszinierend Menschenaffen sind. Darin aber liegt das Problem. Denn selbst ein oberflächliches Engagement mit diesen VIPs – *Very Important Primates* – würde automatisch auf Kosten der weniger prominenten Halb- und Tieraffen gehen. Da über sie aber ohnehin weniger berichtet wird, will ich im Folgenden ein Informationsdefizit schmälern und zudem ausgleichende Gerechtigkeit schaffen.

Meine Profession ist die eines biologischen Anthropologen, also eines Naturkundlers, der Menschen als eine besondere Art von Tier begreift. Ich interessiere mich für Primaten, genauer: nicht-menschliche Primaten, da wir alle auf gemeinsame Vorfahren zurückgehen, die vor rund 80 Millionen Jahren auftauchten, in der Abendröte der Dinosaurier.

»Die Anatomie des Menschen ist ein Schlüssel zur Anatomie des Affen«, sinnierte Karl Marx. Im Grunde ist es jedoch umgekehrt, weil ein Blick auf heute lebende Primaten, auf ihre Anatomie und Physiologie, Kognition und Kommunikation, ihre Ernährung und ihr Verhalten, unsere eigene evolutionäre Vergangenheit entschlüsselt. Zugegeben, der Wissensdurst ist anthropozentrisch, aber der Selbstbezug ist gerechtfertigt durch das Faktum einer geteilten Evolution. Primaten fesseln zudem, weil sie faszinierend an sich sind und zumindest mir nie langweilig werden. So geht es auch meinen Studentinnen und Studenten, wenn sie Affen beobachten: in Nigeria oder Na-

Sünder, die ihren Ausschweifungen frönen – so lässt sich Der Affentanz *von Albrecht Dürer deuten, eine eher sympathisierende Sicht am Beginn der Neuzeit.*

mibia, in Sri Lanka oder Indien, in Peru oder Costa Rica. Statt auch nur einen Tag Pause einzulegen, stehen sie lieber zu Unzeiten auf, um keine Folge jener Seifenoper zu verpassen, die sich tagtäglich unter Monameerkatzen und Bärenpavianen entfaltet, zwischen Schlankloris, Hanuman-Languren, Braunrückentamarinen oder Panama-Kapuzineraffen.

Wer Wissenschaft mit und unter Affen betreibt, sollte übrigens ein unverklemmtes Verhältnis zu körperlichen Ausscheidungen haben. Nicht nur, dass die Forschungssubjekte ein Vergnügen darin finden, die Voyeure auf dem Boden aus luftigen Höhen zu bepinkeln. Abgesehen davon gehört das Pipettieren von Urin, das Aufsammeln von Affenkacke und von ausgespuckten Essensresten heute zum Routineprogramm der Primatologie. Denn dank enormer Fortschritte der Molekularbiologie arbeiten Freiland- und Laborwissenschaft im Tandem, informieren uns biologische Proben doch über Aspekte wie Viren, Parasiten, Blutzucker, Hormone, Stress, Muskelaufbau, Genprofile, Elternschaft oder Speiseplan, was mit freiem Auge allein nicht feststellbar wäre.

Ein weniger hedonistischer Anlass für unser Interesse an Primaten besteht darin, dass sie zunehmend in die Ausrottung getrieben werden, durch die Zerstörung ihrer Biotope genauso wie durch Jagd und Handel mit Heim- und Zootieren. Viele Primatologinnen und Primatologen sind deshalb, quasi wider Willen, zu Artenschützern geworden. Auch ich stecke mittlerweile mehr Zeit und Energie in Naturschutz als in Forschung.

Gleichwohl wird die traurige Vision vom ›Planeten ohne Affen‹ tagtäglich konkreter. Mehr und mehr gilt: Klappe zu, Affe tot – eine Redensart, die auf Affen in Zirkussen anspielt. Dort war es üblich, kleine Exemplare in einer Holzkiste am Kassenhäuschen als Lockvögel zu zeigen. Starb der Affe, wurde die Klappe unzeremoniell geschlossen. Weil ich jedoch weder mir noch der Leserschaft den Spaß verderben will, thematisiere ich derlei Dystopien nur am Rande. Und umso mehr soll gelten: Vorhang auf fürs Affentheater!

Primaten.
Feuchtnasen und Trockennasen

Von *Pan troglodytes*, *Pongo pygmaeus*, *Pan paniscus* oder *Gorilla gorilla* haben Laien eine vage Vorstellung – zumindest, wenn sie ihre deutschen Namen hören: Schimpanse, Orang-Utan, Bonobo, Gorilla. Jenseits von Menschenaffen allerdings klingt das zoologische Vokabular, mit dem Affen benannt werden, wie die Mitgliedsliste einer Geheimloge: *Propithecus tattersalli*, *Hapalemur alaotrensis*, *Galagoides rondoensis*, *Loris tardigradus nycticeboides*, *Tarsius pumilus*, *Tarsius tumpara*, *Leontopithecus caissara*, *Sapajus flavius*, *Pygathrix cinerea* und *Rungwecebus kipunji*. Auch die deutschen Entsprechungen verraten nur wenig über Lebensraum oder Lebensstil, trotz ihres poetischen Klangs: Goldkronensifaka, Alaotra-Bambuslemur, Rondo-Zwerggalago, Horton-Plains-Schlanklori, Zwergkoboldmaki, Siau-Koboldmaki, Schwarzkopflöwenäffchen, Goldkapuziner, Grauschenkliger Kleideraffe und Hochlandmangabe.

Ob das Memorieren der Spezies lohnt, sei dahingestellt, stehen doch alle als kritisch bedroht auf der Roten Liste der Weltnaturschutzunion. Auf jeden Fall folgt ihre Nennung einem didaktischen Ziel, repräsentieren die Namen doch jeweils zwei Vertreter der fünf Hauptäste am Stammbaum der Primaten: Lemuren, Loriartige, Koboldmakis, Neuweltaffen und Altweltaffen samt Menschenaffen. Ein alternatives Schema nimmt hingegen eine Dreiteilung vor, nämlich in Halbaffen (Lemuren, Loriartige, Koboldmakis), Tieraffen (Neu- und Altweltaffen)

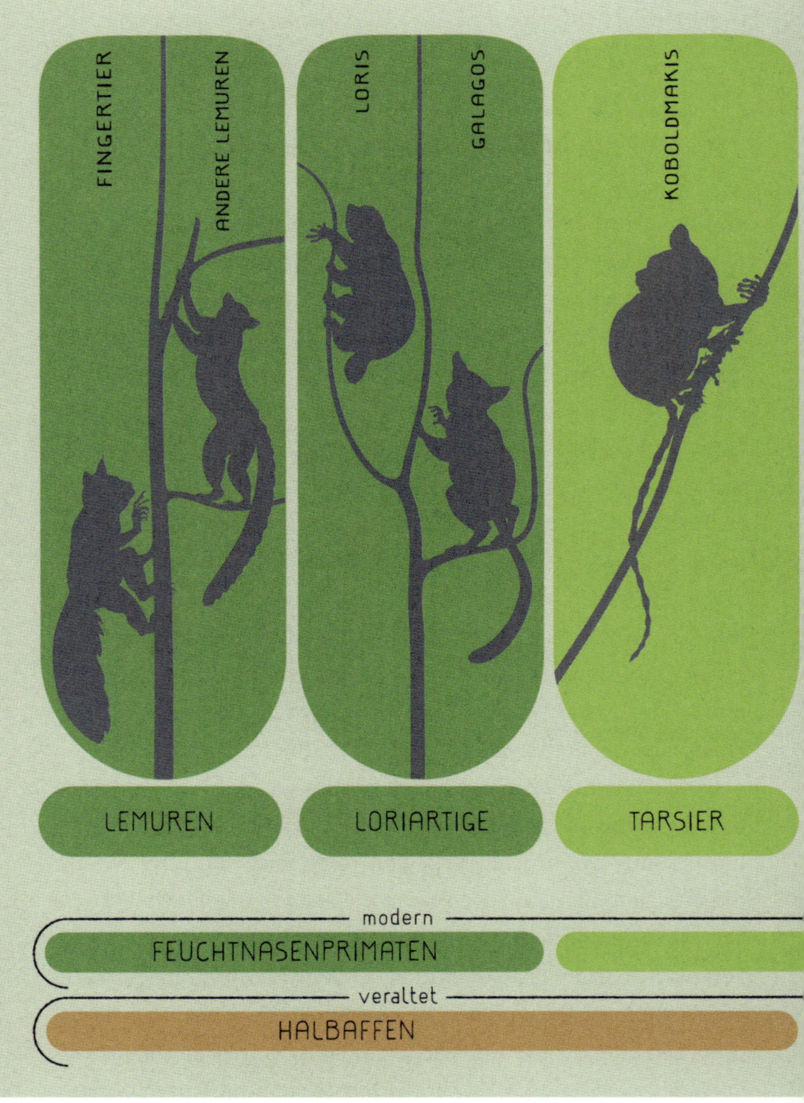

›Der Affe‹ – dies typologische Stereotyp trifft nicht zu, wie traditionelle und moderne zoologische Einteilungen der überaus verschiedenen Primatengruppen klar machen.

KRALLENAFFEN
ANDERE NEUWELTAFFEN
SCHLANK- & STUMMELAFFEN
BACKENTASCHENAFFEN
GIBBONS,
ORANG-UTANS, GORILLAS,
MENSCH, SCHIMPANSE,
BONOBO
NEUWELTAFFEN
GESCHWÄNZTE ALTWELTAFFEN
MENSCHENARTIGE
BREITNASENAFFEN
SCHMALNASENAFFEN
TROCKENNASENPRIMATEN
TIERAFFEN
MENSCHENAFFEN & MENSCH

sowie Menschenaffen. Diese traditionellere Aufteilung suggeriert eine Progression, wonach unvollendete Prototypen auf dem Weg zum Menschen quasi stecken geblieben sind. Auch im Englischen werden Primaten daran gemessen, wie ähnlich (*similar*) sie uns Menschen sind. Entsprechend gibt es eine Gliederung in *prosimians* (Halbaffen) über *simians* beziehungsweise *monkeys* (Tieraffen) hin zu *apes* (Menschenaffen) und *man* (Mensch) – wobei, mehr noch als im Deutschen, der wahre Mensch hier ein Mann ist. Ähnlich hierarchisch wird zuweilen zwischen niederen (*lower*) und höheren (*higher*) Primaten unterschieden, wobei die sogenannten höheren Formen wahlweise bei Tier- oder Menschenaffen anfangen.

Ein modernes Verständnis der Evolution konzipiert ihren Ablauf allerdings nicht als Fortschritt, und Abwandlungen eines Urtypus werden nicht als Aufwärtsbewegung begriffen. Vielmehr gelten alle zu ihrer Zeit und in ihren Umwelten existierenden Formen als gut angepasst. Hinzu kommt, dass die Einteilung in Halb-, Tier- und Menschenaffen die Verwandtschaftsverhältnisse verkennt. Denn Koboldmakis sind mit Lemuren und Loriartigen weniger nahe verwandt als mit Neu- und Altweltaffen. Die Bezeichnungen Halbaffen und Tieraffen gruppieren ihre Mitglieder deshalb zoologisch falsch.

Primaten repräsentieren jedenfalls, wie Spitzhörnchen, Fledermäuse, Nagetiere oder Hasenartige, eine Ordnung der Säugetiere. Die sind allesamt Warmblüter, ihr Nachwuchs kommt nach interner Schwangerschaft zur Welt und wird durch Milch aus Brustdrüsen gestillt. Dummerweise existiert aber kein einzelnes Sondermerkmal, das die Ordnung der Primaten von anderen Säugetieren unterscheiden würde. Bei Fledermäusen ist das anders, weil aufgrund der Flughaut an den Vorderextremitäten alle Vertreter der Ordnung fliegen können. Bei Primaten kommt hingegen jedes übergreifende Attribut der Anatomie oder Morphologie mehr oder weniger abgewandelt ebenfalls bei anderen Säugetieren vor.

Probleme bereitet auch die Aufteilung in Arten. Zwar vergleicht die moderne Biosystematik nicht nur den äußeren Körperbau, sondern auch innere physiologische und molekularbiologische Marker. Besonders die Genetik hat ihre Werkzeuge stetig verfeinert, je höher ihre Vergrößerungsgläser also auflösen, desto mehr Unterschiede werden ersichtlich. Gleichzeitig ist es aber weithin eine Ermessensfrage, welche innerartlichen Variationen diagnostisch als Artkriterium gelten. Eine Wissenschaftlerin mag eine neue Spezies verkünden, wenn eine Population sich um fünf Prozent von Nachbarn unterscheidet, während ihr Kollege erst bei zehn Prozent eine neue Kreatur im Garten Eden freilässt.

Christian Roos arbeitet am Deutschen Primatenzentrum in Göttingen in der Genetikabteilung und verfügt als einer der Weltbesten seines Faches über ausgeklügelte Methodik. Zuweilen ziehe ich ihn mit der Frage auf, ob er am Wochenende wieder Langeweile hatte und deshalb Gottes Schöpfungswerk fortführte. Immerhin beschrieb Roos über die letzten fünfzehn Jahre hinweg beinahe ebenso viele neue Spezies – weshalb wir über weitere zungenbrecherische Namen verfügen, von Peyrieras-Wollmaki über Rotschulter-Wieselmaki bis zu Popa-Langur, Nördlicher Gelbwangengibbon und Kleiner Riesenmausmaki, zu dem es auch das Pendant des Großen Riesenmausmaki gibt. Wer hätte gedacht, dass es kleine Riesen und große Riesen gibt?

Wissen Affen, wie nahe sie uns stehen? Diese Einsicht der Evolutionstheorie will der Menschenaffe Charles Darwin einem nahen Verwandten bescheren (Karikatur von 1874).

Überkommen ist jedenfalls die Definition von Arten als Tiergruppen, die sich nicht untereinander fortpflanzen können. An dieses Spezieskonzept halten sich nicht nur Pflanzen so gut wie gar nicht, auch Primaten folgen gern der Maxime des *anything goes*. Verpaarung und Fortpflanzung samt der Geburt fruchtbarer Nachkommen über sogenannte Artschranken hinweg erfolgt vielfach: in Afrika zwischen Anubis- und Mantelpavianen, in Asien zwischen Langschwanz- und Rhesusmakaken, in Südamerika zwischen Hauben- und Weißstirn-Kapuzineraffen. Selbst die nächsthöhere taxonomische Stufe, die Gattung, stellt zuweilen kein Hindernis dar, illustriert durch quicklebendige Hybriden der Gattungen *Semnopithecus* (Indische Languren) und *Presbytis* (Surilis) in Südindien. Die Resultate solcher Verbindungen erweitern die Kategorienverachtung ihrer Eltern oft dadurch, dass sie selbst ›Cocktail-Kinder‹ in die Welt setzen.

Infolge stetig subtilerer Analysen stieg jedenfalls die Zahl beschriebener Spezies und Subspezies von etwa 250 vor 50 Jahren auf mittlerweile 712. Natürlich gibt es darum nicht fast dreimal so viele Affen wie vor einem halben Jahrhundert. Vielmehr wurden Bestände, die vormals als zusammenhängende Art galten, in etliche kleinere aufgespalten – von denen laut Weltnaturschutzunion 62 Prozent bedroht sind.

Gönnen wir uns nun das Privileg, jedes Wenn und Aber zu vergessen, um unseren Crashkurs der Primatensystematik fortzuführen – bei dem wir zunächst lernen, dass diese Säugetierordnung in zwei Hälften zerfällt.

Zur ersten Gruppe, den Feuchtnasenprimaten, zählen die Lemuren Madagaskars und die in Afrika und Asien verbreiteten Loriartigen (Loris und Galagos, auch Faulaffen und Buschbabys genannt). Diese relativ kleinen, vormals als Halbaffen bezeichneten Wesen sind überwiegend nachtaktiv. Dabei hilft ihnen ein guter Geruchssinn, der von feucht schimmernden Schleimhäuten unterstützt wird, einem als Rhinarium bezeichneten Hautkomplex, der das Innere der Nasenlöcher, die Nasenoberfläche und den unter dem Riechorgan befindlichen Teil der Oberlippe auskleidet. Besser als eine trockene Oberfläche kann die Membran eines solchen feuchten Nasenspiegels umherschwebende Moleküle binden und so den Spürsinn stärken – weshalb auch Hunde als wohlbekannte ›Riechriesen‹ (Makrosmaten) eine nasse Nase besitzen. Dem Leben in Dunkelheit hilft zudem eine reflektierende Schicht hinter der Netzhaut des Auges – das im Schein einer Taschenlampe aufleuchtende *Tapetum lucidum*. Es wirft einfallendes Licht zurück, wodurch es die Retina ein zweites Mal passiert und somit die Nachtsicht anreichert – eine Eigenheit, die sich in den vermeintlich leuchtenden Augen von Katzen gut sichtbar manifestiert. Zudem verfügen viele Arten besonders im Gesicht über Vibrissen genannte Tasthaare, die – ähnlich wie die Schnurrhaare bei Katzen – passive Berührungsreize verarbeiten.

Die zweite Gruppe sind die Trockennasenprimaten. Hierzu zählen zunächst als weitere frühere Halbaffen die nachtaktiven Koboldmakis Südostasiens. Fast alle anderen Arten sind tagaktiv und repräsentieren die eigentlichen Affen, also Tier- und Menschenaffen. Wer tagsüber unterwegs ist, für den hat der Geruchssinn im Verhältnis zum Sehen weniger Bedeutung. Nicht nur das Rhinarium fehlt ihnen also, was die Spezies zu ›Kleinriechern‹ (Mikrosmaten) werden ließ, sondern zudem das *Tapetum lucidum* und die Vibrissen.

Feuchtnasen. Ein nasses Riechorgan und dazu oft katzenähnliche Tasthaare charakterisieren die früher als ›Halbaffen‹ bezeichneten Primaten – wie diesen Katta aus der Gruppe der Lemuren.

Die eigentlichen Affen zerfallen, wiederum aufgrund der Nasenform, in ebenfalls zwei Lager.

In Lateinamerika leben die Neuweltaffen. Sie werden auch Breitnasenaffen genannt, weil ein ausgeprägter Steg ihre Nasenlöcher trennt, die rund und nach außen gerichtet sind. Die Taxonomie der Neuweltaffen ist kompliziert, doch für unsere Zwecke soll genügen, zwei Riegen zu unterscheiden. Da sind einerseits die Krallenaffen, kleinwüchsige Formen, die, wie der

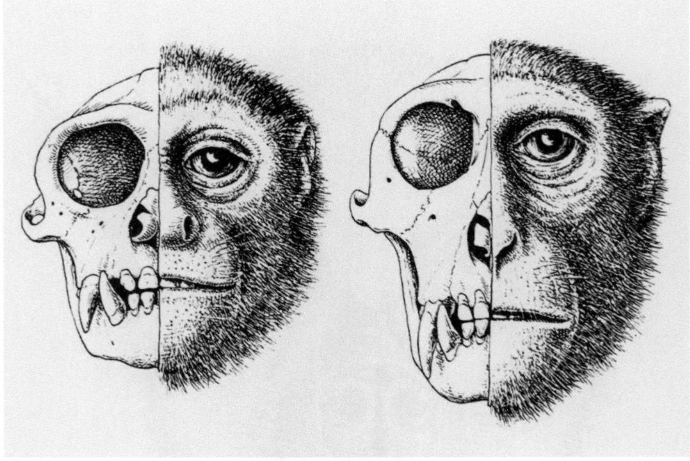

Trockennasen und Kontinentaldrift. Scheidewand und Löcher sind bei Neuweltaffen breit und rund (l.), bei Altweltaffen schmal und kommaförmig (r.).

Name andeutet, statt Plattnägeln an Fingern und Zehen Krallen aufweisen – mit Ausnahme der Großzehe. Die Sporne erlauben den Tieren, Stämme senkrecht zu erklettern, sogar kopfunter. Die anderen Formen sind größer und umfassen etwa Brüll-, Klammer- und Kapuzineraffen. Unter diesen Arten befinden sich die einzigen Primaten mit Greifschwanz.

In Afrika und Asien sind die Altweltaffen beheimatet. Sie werden auch als Schmalnasenaffen bezeichnet, aufgrund der dünnen Scheidewand. Die Nasenöffnungen zeigen parallel nach vorn oder unten und haben die Form eines umgedrehten Kommas. Die Altweltaffen umfassen wiederum zwei Sektionen. Ihre erste, Geschwänzte Altweltaffen, teilt sich in die vorzugsweise blätteressenden (folivoren) Schlank- und Stummelaffen (in Asien etwa Languren und Nasenaffen, in Afrika die Mantelaffen) sowie die eher allesessenden (omnivoren) Backentaschenaffen (zum Beispiel Makaken, Meerkatzen, Drills, Paviane).

Eine Sondergruppe der Altweltaffen sind die Menschenaffen, allesamt schwanzlos. Sie werden auch Menschenartige genannt und in zwei Familien unterteilt: Die Kleinen Menschenaffen mit Gibbons und dem Siamang bewegen sich schwinghangelnd durch süd- und südostasiatische Wälder. Eine weitere Familie stellen die Großen Menschenaffen dar, sie umfasst die Orang-Utans auf den südostasiatischen Inseln Sumatra und Borneo sowie die afrikanischen Menschenaffen, mithin Gorillas, die Schwesterarten Schimpansen und Bonobos plus – aufgrund des afrikanischen Ursprungs – uns Menschen.

Bezüglich der Unterscheidung von Feucht- und Trockennasen sind Koboldmakis besonders interessant, weil sich bei ihnen Spezifika beider Gruppen vermischen – und sie überdies noch weitere Besonderheiten aufweisen. Den Trockennasen werden diese südostasiatischen Zwerge zugerechnet, weil ihnen das feuchte Rhinarium fehlt, aber auch, weil sie samt anderen Affen und einschließlich der Menschen keine Ascorbinsäure synthetisieren können und deshalb Vitamin C mit der Nahrung aufnehmen müssen. Gleichwohl teilen die Koboldmakis ebenfalls Merkmale mit Feuchtnasenprimaten, wie den in der Mitte nicht verschmolzenen Unterkiefer, Putzkrallen an manchen Zehen und eine zweihörnige Gebärmutter. Zudem besitzen sie mehrere Reihen von Brustwarzen, obwohl sie im Unterschied zu manchen Feuchtnasenprimaten stets Einlinge zur Welt bringen. Entsprechend produziert nur ein Paar der Brustwarzen

Milch, während die anderen Sets von den Neugeborenen als praktische Festhaltepunkte genutzt werden. Im Unterschied zu eigentlichen Affen wiederum packen die Koboldmakis ihren Nachwuchs mit den Zähnen, um sie herumzutragen, ganz nach Manier mancher Lemuren und Loriartigen.

Ihr hervorstechendstes Merkmal sind zweifellos die Augäpfel, jeder einzelne voluminöser als das Gehirn! Überhaupt haben Koboldmakis im Verhältnis zu ihrer Körpergröße die enormsten Augen aller Säugetiere. Sie messen im Durchmesser drei Zentimeter, etwa ein Viertel der Körperlänge. Wie bei eigentlichen Affen sind die Sehorgane durch knöcherne Taschen geschützt, die Feuchtnasenprimaten wiederum fehlen. In diesen Sockeln sind die Augen allerdings fest fixiert. Dass sie sich im Schädel nicht bewegen lassen, wird dadurch wettgemacht, dass die Winzlinge ihren Kopf um 180 Grad drehen können – eine Regenwaldversion der berühmten Szene aus *Der Exorzist*. Bei hellem Licht verengen sich die Pupillen auf die Größe eines Stecknadelkopfes, während sie in Dunkelheit fast das gesamte Auge ausfüllen. Diese visuellen Konstruktionen sind nötig, da Koboldmakis nachtaktiv sind, obwohl ihnen das Licht recycelnde *Tapetum lucidum* fehlt.

Koboldmakis verfügen über lange Finger mit abgerundeten Ballen, die wie Saugnäpfe an fast jeder Oberfläche Halt schaffen. Der Schwanz ist doppelt so lang wie der Körper und hilft, bei ihren bis zu drei Meter weiten Sprüngen das Gleichgewicht zu halten. Die waghalsigen Aktionen ermöglicht der Tarsus, ein enorm verlängerter Fußwurzelknochen mit Katapultwirkung. Auf diesen Körperteil bezieht sich auch ihr englischer Name *Tarsier*.

Grenzgänger. Obwohl Trockennasenprimaten, vereinen die treffend benamsten Koboldmakis auch Merkmale von Feuchtnasenprimaten.

Ihre Sprungfähigkeit, in Kombination mit beweglichen Ohrmuscheln, Megaaugen und grifffesten Fingern, macht Koboldmakis zu effizienten Beutegreifern. Vor allem verzehren sie Insekten, insbesondere Grillen und Heuschrecken, aber auch Spinnen, Krebstiere und kleine Wirbeltiere wie Eidechsen und Vögel. Jegliche Flora wird verschmäht. Unter Primaten sind Koboldmakis darum die einzigen hundertprozentigen Karnivoren!

Ausgestattet mit diesem Grundwissen können wir uns nun dem Affenalltag zuwenden. Dabei geht es um die gleichen Baustellen, die auch uns Menschen lebenslang beschäftigen: Wohnen, Schlafen, Essen, Gemeinschaftsleben, Sex – und dabei langsam, aber sicher zu altern.

Biotope. Wandern und Wohnen

Der Stern der Primaten ging auf, als jener der Dinosaurier zu sinken begann – vor etwa 80 Millionen Jahren. Da ihre Vorfahren warmblütig und nachtaktiv waren und Baumhöhlen nutzten, konnten sie überleben, als Aschewolken von Meteoriteneinschlägen und Vulkanausbrüchen die Sonne verdunkelten. Als der Staub sich legte, übernahmen die Urprimaten die ökologischen Nischen der verschwundenen Riesenechsen.

Viele neue und bis heute lebende Formen entstanden vor 2 Millionen Jahren durch den Wechsel von Eis- und Warmzeiten. Sanken die Temperaturen, schrumpften die tropischen Wälder wegen mangelndem Niederschlag. Weite Teile etwa des Amazonasbeckens wurden Grasland. In Waldinseln entwickelten die Überlebenden je eigene Attribute. Breiteten sich die Bäume wieder aus, hatten sich vormals einheitliche Populationen in neue Arten aufgesplittert, während andere zwischenzeitlich lernten, in offenem Gelände ihr Dasein zu fristen.

Heute bevölkern nicht-menschliche Primaten einen Gürtel nördlich und südlich des Äquators. Affen sind Tropenbürger, die ganzjährig Zugriff auf Früchte und Blätter brauchen. In den gemäßigten Zonen wachsen aber entweder Nadelwälder oder Bäume, die saisonal ihr Laub abwerfen. Nur wenige Affen stecken deshalb ihre Nasen in die Subtropen – speziell Makaken, wie in Gibraltar am südlichen Zipfel Europas oder in Japan. Letztere trotzen Schnee und Eis mancherorts durch Baden in heißen Quellen und holen sich nur deshalb beim Heraussteigen keine Erkältung, weil ihr Fell gut gegen Wasser imprägniert ist.

Nach Australien verschlug es Affen nie. Allerdings finden sie sich durchaus auf von Wasser umgebenen Landmassen – etwa in der Inselwelt Südostasiens, deren Eilande während Eiszeiten oft untereinander und mit dem Festland über Landbrücken verbunden waren.

Schwieriger erklärt sich, wie Urformen der heute weit verzweigten Lemuren Madagaskar besiedelten. Dass diese Primaten die Insel, etwas größer als Frankreich, von der Ostküste Afrikas aus über eine später zerstörte Landenge erreichten, ist unwahrscheinlich. Denn warum überquerten stattliche Geschöpfe wie Elefanten oder Huftiere diesen Steg nicht? Wahrscheinlicher ist, dass die Immigranten an die Gestade gespült wurden – ähnlich wie im Trickfilm *Madagascar*, nur dass es sich eben nicht um Zebra, Löwe, Giraffe und Flusspferd handelte. Heute leben jedenfalls vier kleinformatige Säugetierformen auf Madagaskar, die laut genetischer Befunde im Abstand von mehreren Millionen Jahren einreisten. Lemuren begannen ihre Migration vor etwa 50 Millionen Jahren, gefolgt von igelartigen Tenreks, mungoähnlichen Fossas und schließlich vor 24 Millionen Jahren auch noch Nagetieren. Dass deren Vorfahren auf Baumstämmen oder schwimmenden Pflanzenteppichen zur Insel trieben, ist insofern erklärungsbedürftig, weil sich Strömung und Winde hier westwärts bewegen: von der Insel weg, nicht auf sie zu. Neuere Computersimulationen zeigen jedoch, dass Madagaskar sich vor 50 Millionen Jahren 1600 Kilometer südlicher befand und dass alle hundert Jahre von Afrika aus schnelle Strömungen nach Osten flossen. Die 420 Kilometer lange Seereise hätte ungefähr drei Wochen gedauert, ein für kleine Säugetiere durchaus überlebbarer Zeitraum.

Ähnlich könnten Affen vor 32 Millionen Jahren Südamerika besiedelt haben. Landbrücken scheiden hier ebenfalls aus, jedoch lagen Afrika und Südamerika damals nur 1500 bis 2000 Kilometer auseinander, statt der heutigen 2800 Kilometer. Die Vergletscherung der Antarktis senkte überdies den Meeresspiegel zuweilen ab, was die Passage afrikanischer Affen nochmals verkürzte. Mit Glück drifteten sie auf einem Vegetationsfloß, auf dem, was durchaus vorkommt, die Bäume aufrecht standen und weiter fruchteten.

Primaten leben heute in diversen Biotopen – Grasland, Mangroven, Regenwäldern, pflanzenarmen Gebirgen –, mit entsprechend spezialisiertem Körperbau. Gleichwohl ist die Blaupause die eines Baumbewohners, wovon zunächst die klettertaugliche Gestaltung der Gliedmaßen zeugt. Wie bei anderen Vierfüßern – Amphibien, Reptilien, Vögeln – sind an den Enden fünf Finger und Zehen vorhanden (Pentadaktylie). Hände und Füße sind jedoch zu Greiforganen umgestaltet, was Fortbewegung im Astgewirr erlaubt. Die dafür nötige Armbeweglichkeit ermöglichen Schlüsselbeine, die als Dreh- und Angelpunkt die Schultern mit der Brust verbinden. Bodenbewohnenden Pferden oder Hunden fehlen diese Klavikulae.

Dass Finger und Zehen einzeln bewegbar sind, erlaubt es, Gegenstände zu umfassen. Schließt sich die Innenfläche von Händen und Füßen gleichzeitig, liegt ein Kraftgriff vor, mit dem kleinwüchsige Lemuren oder Loriartige selbst winzige Beutetiere wie Mehlwürmer ganzhändig umschließen und aufnehmen. Eine größere Hand vermag Mini-Objekte nicht insgesamt

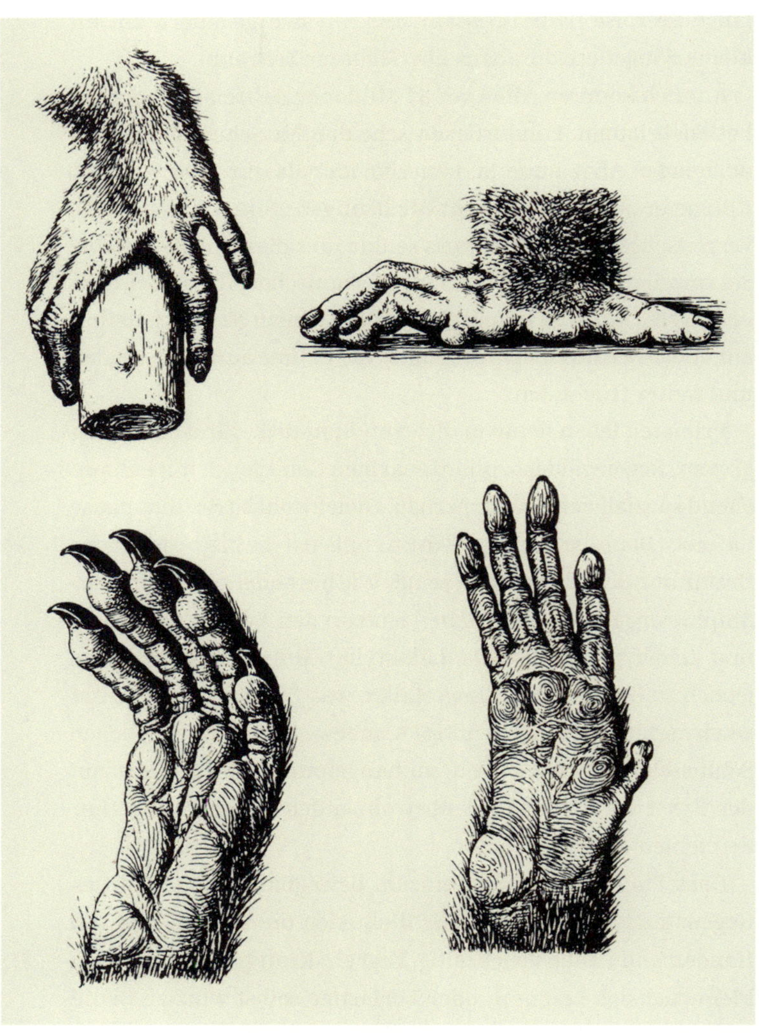

*Affen sind behände Tiere – mit je nach Lebensweise abgewandeltem Greiforgan. Hier ein Lori (*Perodictus*, der Potto), ein südamerikanischer Krallenaffe (*Cebuella*, das Zwergseidenäffchen), ein weiterer Neuweltaffe (*Alouatta*, der Brüllaffe) sowie ein Altweltaffe (*Presbytis*, ein Langur).*

zu erfassen, sondern benötigt einen Präzisionsgriff, bei dem das erste und zweite Glied pinzettenartig zusammengedrückt werden. Besonders gut funktioniert das, wenn Daumen oder Großzehe opponierbar den anderen Fingern gegenübergestellt werden können – wie bei Pavianen oder Makaken.

Zum besseren Greifen sind Spitzen von Fingern und Zehen zusätzlich ausgerüstet. Außen verstärken sie Plattnägel, die Widerstand bescheren, während die reich innervierten Innenseiten das sprichwörtliche Fingerspitzengefühl bewirken. Schweißdrüsen in Handtellern und Fußsohlen erhöhen zudem die Haftung auf Holz. Bei Alarm transpirieren sie automatisch, eine Flucht durchs Geäst vorbereitend. Der Sicherheitstrick lebt in uns weiter, werden doch die Hände feucht, wenn wir uns unangenehmen Begegnungen oder Prüfungen lieber entziehen würden.

Das Standardmodell ist je nach Lebensweise abgewandelt. Bei südamerikanischen Krallenaffen sind, außer beim großen Zeh, die Nägel gekrümmt. Das ist die Konsequenz einer Verzwergung hin zu einer den Eichhörnchen ähnlichen Existenz. Denn dank Krallen können die Affen selbst an glatten Stämmen mühelos hoch und runter klettern, sogar mit dem Kopf nach unten.

Zuweilen wurden Glieder reduziert. Bei Loris sind Zeigefinger und zweite Zehe verkleinert, wodurch Daumen und Großzehe mit den dritten bis fünften Hand- und Fußstrahlen eine effiziente Greifzange bilden, ideal für bedächtiges Klettern. Der Daumen wiederum fehlt Klammeraffen (*Ateles*) und Stummelaffen (*Colobus*). Entsprechend leiten sich deren wissenschaftliche Namen von griechisch *atelḗs* für ›unvollständig‹ und *kolobós* für ›verstümmelt‹ ab. Zwar wird gern vermutet, ein Daumen behindere das Hangeln im Geäst, doch stellt sich die Frage, warum andere Arten ihn beibehielten, obwohl sie sich ebenfalls schwingend fortbewegen.

Bei vielen Säugetieren stehen die Augen seitlich am Kopf, was Rundumblick ermöglicht. Der ist etwa für Pferde nützlich, die sich in einer zweidimensionalen Ebene bewegen. Um im Labyrinth eines Geästs zu navigieren, muss das Gehirn hingegen einen 3-D-Eindruck erstellen. Entsprechend sind bei Affen die Augen nach vorn gerückt. Dadurch überlappen die Sichtfelder, wodurch räumliches Sehen entsteht. Den Effekt können wir leicht überprüfen, indem wir ein Auge zumachen.

Obwohl das Baumleben die Gestalt der Affen prägte, beziehen viele Arten den Boden in ihre Aktionen ein. Der Wechsel von strikt arborealer zu mehr oder weniger terrestrischer Existenz vollzog sich, als vor etwa 10 Millionen Jahren Wälder lichter wurden und weite Savannen entstanden. Von den Wipfelquartieren hinunterzusteigen, erforderte neue Anpassungen. Auf dem Boden sind lange Finger und Zehen hinderlich, weshalb sie etwa bei den Pavianen verkürzt sind, um ein flaches Aufsetzen und Abrollen zu erleichtern. Im Extrem entwickelte sich gar ein Standfuß mit extrem kurzen Zehen, wie bei uns Zweibeinern.

Am terrestrischsten ist der südlich der Sahelzone lebende Husarenaffe – wegen seiner rötlichen Färbung und dem schnellen Laufen benannt nach Uniform und Kampfstil der leichten Kavallerie. Flüchten andere Affen vor Löwen oder Hyänen auf Bäume, rennen Husarenaffen den Räubern einfach davon. Das ist der spärlichen Baumbedeckung ihres Habitats geschuldet,

Obwohl bunte Fantasie, erfasst die Exotische Landschaft *von Henri Rousseau (1910) den Kern äffischer Identität: Leben und Überleben in Wäldern.*

Die Loriartigen teilen sich auf in flinke beschwänzte Springer (die Galagos, oben im Bild) und bedächtige schwanzlose Kletterer (die Loris).

aber auch, weil sie mit 55 Stundenkilometern den Rekord unter Primaten halten. Zum Vergleich: Der Sprinter Usain Bolt schafft magere 37,6 Stundenkilometer.

Ihre jeweilige Form der Fortbewegung nutzend, begeben sich Affen jeden Tag – oder jede Nacht – auf Nahrungssuche. Ein typischer Zyklus beginnt mit Aufwachen, Strecken, Defäkieren und Urinieren, gefolgt von ersten Sozialkontakten wie gegenseitiger Fellpflege. Dann wird gezielt eine erste Futterstation angesteuert, wo Essen, Ruhen und Geselligsein sich abwechseln. Die Mittagshitze überbrückt eine Siesta. Nachmittags geht es zu einer frischen Nahrungsquelle, bis es Zeit wird, einen Schlafplatz aufzusuchen.

Abgewandelt wird der Alltagsrhythmus jahreszeitlich und durch Begegnungen mit anderen Tieren. Ist es kalt, wird sporadisch den ganzen Tag über gefuttert, regnet es in Strömen, ist Kuscheln und Nichtstun angesagt. Das Aufeinandertreffen mit Nachbarn aus anderen Gruppen mag in stundenlange Scharmützel ausarten. Und wird ein schleichender Leopard gesichtet, ist es klug, im Baumwipfel zu verharren.

In Nordwestindien sind schattige Bäume selten. Die dort lebenden Hanuman-Languren suchen mittags unter Felsvorsprüngen Schutz, wenn es 40 Grad im Schatten hat. Solche Temperaturen sind auch für hartgesottene Affenforscher wie mich zu viel. Deshalb kam ich irgendwann auf die Idee, meine exponierte Beobachterposition zu verlassen und mich unzeremoniell zwischen die Affen zu drücken. Zwar wurde das mit Zähneblecken bedacht, doch statt in die glühende Savanne auszuweichen, zogen die Languren es vor, mich in ihrer Mitte zu tolerieren. Nach einer Weile fielen ihnen wie mir die Augen zu, und oft sank sogar ein erschöpfter Affenkopf auf meine Schulter – ein überzeugendes Beispiel dafür, dass *embedded research* mit tatsächlichem Eingebettetsein einhergehen kann.

Die zurückgelegte Distanz einer Tageswanderung variiert von Art zu Art. Ein Faulaffe mag sich mit 30 Metern begnügen, während Mantelpaviane 13 Kilometer hinter sich bringen. Generell gilt, dass Affen weiter herumstreifen, wenn sie terrestrisch sind, überwiegend Früchte essen und große Körper haben – während baumlebende, blätteressende und kleinwüchsige Spezies weniger weit ziehen. Die Unterschiede reflektieren, wie einfach oder schwierig das Beschaffen von Nahrung ist. So gibt der zweidimensionale Boden weniger her als das dreidimensionale Geäst; Früchte sind schwieriger zu akquirieren als Blätter, und stämmige Tiere müssen mehr in sich hineinstopfen als kleinere.

Nach vollendetem Tagwerk suchen Affen die Nachtruhe. Schon dieser Satz verrät, dass ihn ein diurnaler, also tagaktiver Primat verfasste. Die Hälfte der Affen ist jedoch nokturn, munkelt also im Dunkeln. Für Koboldmakis oder Loriartige gilt somit, dass sie nach vollendetem Nachtwerk die Tagesruhe suchen. Derlei Schlafgewohnheiten sind allerdings ziemlich unerforscht, weil Nachtaktive sich tagsüber gern in schwer einsehbaren Baumhöhlen aufhalten, oder in zu Nestern zurechtgebogenen Zweigen. Tagaktive Affen wiederum setzen sich nachts einfach in eine Astgabel, ohne Gezweig schützend um sich zu arrangieren, oder nächtigen, wie Paviane, Makaken und Languren, auf Felsvorsprüngen – eigentlich gut sichtbar für Primatologen. Dass wir trotzdem über die Schlafgewohnheiten tagaktiver Arten wenig wissen, liegt daran, dass wir es ihnen gern gleichtun und nachts ebenfalls ruhen.

Diurnale Arten wählen oft Schlafplätze in der Nähe von Nahrungsquellen, was ihre morgendliche Wanderung abkürzt. Direkt in blühenden oder fruchtenden Bäumen zu übernachten, wird allerdings vermieden. Hier schmausen Fledermäuse und Schleichkatzen, während Wildschweine auf den Boden gefallene Leckerbissen schmatzen – alles zusammen eine ziemlich lärmige Angelegenheit.

Auffällig ist, dass Affen selten zweimal hintereinander am selben Ort die Nacht verbringen. Verschiedene Hypothesen versuchen, diese Unruhe zu erklären. So werden Übernachtungsorte gewechselt, weil sich in und unter vormals benutzten Schlafbäumen Darmparasiten ansammeln, gespeist aus abgesetztem Affenkot. Der Wechsel nächtlicher Ruhestätten verringert mithin das Risiko einer Neuinfektion. Die Hypothese der Thermoregulation wiederum vermutet, dass Primaten je nach Wetterlage bestimmte Plätze bevorzugen, also etwa Bäume mit weitem Kronendurchmesser, wenn es stark windet.

Oft scheinen Wahl und Wechsel von Schlafstätten auch dem Schutz vor Raubtieren zu dienen. Primaten verbringen die Hälfte ihres Lebens schlafend. Um das Risiko zu minimieren, entdeckt und aufgefressen zu werden, schlafen etwa François-Languren oder Sattelrückentamarine selten zweimal am gleichen Ort. Allerdings sollten trotz routinemäßiger Abänderung die Plätze regelmäßig erneut benutzt werden – was Kapuzineraffen oder Weißkopflanguren praktizieren –, damit sich ihre Struktur samt möglicher Fluchtrouten ins Gedächtnis einprägt. Besonders eignen sich hierfür hohe Bäume mit wenig Lianenbewuchs, was ein Anschleichen erschwert.

Ein Cherub mit Fell? Das der Sifakas ist dicht und seidig, das edelste, was Madagaskars Lemuren zu bieten haben.

Speiseplan. Essen und Verdauen

Dass Tiere an lokale ökologische Bedingungen angepasst sind, belegen Körperbau wie Verhalten. Die Umwelt generiert Zwänge wie Möglichkeiten und befeuert also die natürliche Auslese – ausgehend von Klima, Fressfeinden und Krankheitserregern. Der prägendste Faktor allerdings ist die Ernährung: Du bist, was du isst.

Die Nahrungsaufnahme reicht von Geophagie (Erde) über Koprophagie (Kot) bis zu Gummivorie (Baumsäfte), Gramivorie (Gras), Nektarvorie (Honig) und Faunivorie (Tiere). Das alles sind allerdings eher exotische Geschmäcker. Denn Primaten huldigen im Prinzip simpler Herbivorie (Pflanzen), essen also meist Früchte oder Blätter.

Doch egal, um welche Gerichte es geht: Essen zu finden, zu verzehren und zu verdauen ist eine chronische Mühsal. Dabei sind Affen mit derselben Gleichung konfrontiert wie andere Wildtiere: Für die Suche aufgewendete Energie (verbrannte Kalorien) muss durch aufgenommene Nahrung ausgeglichen werden, hinsichtlich Menge (verwertbare Kalorien) und Qualität (einem Mix der Makro- und Mikronährstoffe wie Fett, Eiweiß, Kohlenhydrat, Vitamine, Spurenelemente).

Um satt zu werden, müssen sich Affen meist gar nicht von ihrem bevorzugten Aufenthaltsort entfernen. Denn Bäume bieten Rinde, Harz, Knospen, Blätter, Blüten, Früchte und Samen – plus Vogeleier, Insekten oder Honig. Wegen derlei Vielfalt auf dem Speiseplan sind die meisten Affen Generalisten. Um sowohl harte Nüsse wie weiche Früchte verwerten zu können, muss der Mundbereich über mannigfache Verarbeitungsmodi verfügen, wie Nagen, Zerteilen, Knacken und Kauen. Tiere wie Eidechsen oder Fische können derlei Abläufe nicht bewerkstelligen. Sie verfügen über ein homodontes Gebiss mit gleichförmigen Zähnen, die alle demselben Zweck dienen: Ergreifen und Verschlingen von Essbarem. Andere Säugetiere und besonders Affen besitzen hingegen ein heterodontes Gebiss mit gemischt gestalteten Zahnwerkzeugen.

Wie ein Abtasten mit der Zunge lehrt, besteht auch unser Gebiss aus vier Quadranten mit jeweils zwei Schneidezähnen, einem Eckzahn, zwei Vorbacken- und drei Backenzähnen. Dieses Muster ist typisch für Altweltaffen und lässt sich als Zahnformel folgendermaßen schreiben, jeweils bezogen auf eine Hälfte des Ober- bzw. Unterkiefers: [o] 2.1.2.3/[u] 2.1.2.3. Abweichungen davon finden sich bei Neuweltaffen, die einen dritten Prämolaren haben ([o] 2.1.3.3/[u] 2.1.3.3), und bei manchen Lemuren wie dem Indri ([o] 2.1.2.3/[u] 2.0.3.3) oder dem Aye-Aye ([o] 1.0.1.3/[u] 1.0.0.3). Feuchtnasenprimaten nutzen überdies einen sogenannten Zahnkamm, um das sauber geleckte Fell zu glätten. Hierfür sind Schneide- und Eckzähne des Unterkiefers verkleinert und nach vorne geneigt, während der erste Prämolar eckzahnförmig gestaltet ist.

Mit ihrem oralen Schweizer Taschenmesser bearbeiten Affen hauptsächlich zwei pflanzliche Elemente: Früchte und Blätter. Letztere wandeln Sonnenlicht in energiereiche Biomoleküle um. Um diese Fabriken vor hungrigen Mäulern zu schützen, sind Blätter oft mit Borsten, Stacheln oder Haaren versehen,

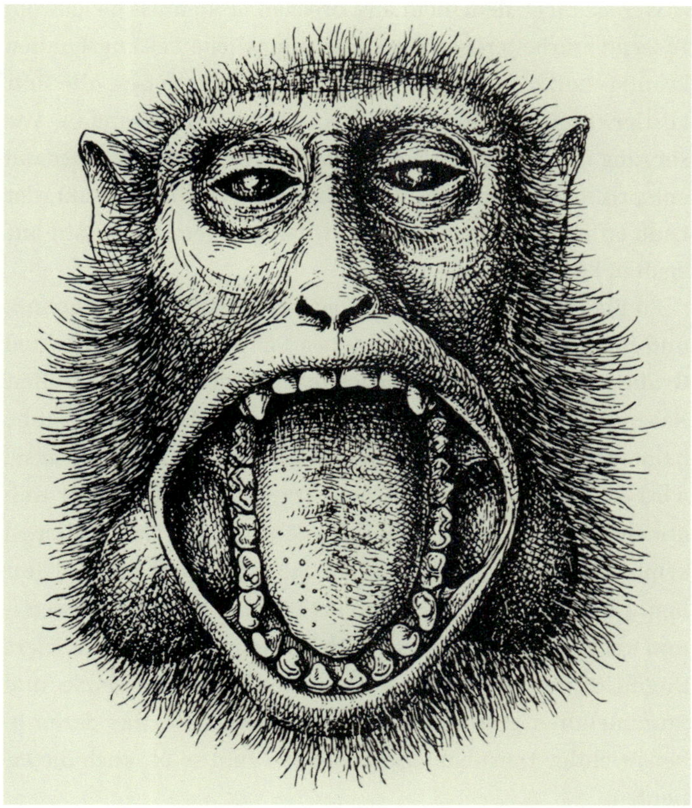

Hamsterstratege. Ein Makak hat Zähne wie ein Mensch – aber zudem Backentaschen zum Bunkern von Futter, bevor Konkurrenten es verputzen.

die ein Schlucken erschweren, und sie enthalten schlecht bekömmliche Stoffe wie Koffein, Nikotin oder Tannin, die bei erhöhter Aufnahme Erbrechen, Durchfall oder Bauchschmerzen auslösen.

Wer sich trotzdem nicht abschrecken lässt, muss gleichwohl Fasern verarbeiten können. Dass pflanzliche Leitungsbahnen krautig, holzig und schwer verdaulich sind, wissen alle Rohköstler. Eine überwiegend folivore – blätterfressende – Versorgung ist eine Option besonders für großwüchsige Tiere mit entsprechend geräumigem und langem Verdauungstrakt, der Laub en masse aufnehmen und in langsamem Durchlauf aufspalten kann.

Zu Blattessern par excellence entwickelten sich die Schlank- und Stummelaffen in Afrika (etwa Schwarz-weiße, Rote und Grüne Stummelaffen) und Asien (etwa Languren, Kleideraffen, Nasenaffen). Zunächst helfen ihre scherenden Backenzähne beim mechanischen Aufschneiden der Blätter. Dieser Häcksel wird dann einem Darmsystem übergeben, das dem einer Kuh ähnelt. In einem drei- bis vierfach gekammerten Magen bauen symbiotische Bakterien zunächst die Zellulosefasern ab – ähnlich wie Mikroben im Gedärm einer Termite Holz auflösen –, und überdies werden toxische Phytochemikalien neutralisiert. Unglücklicherweise werden in Zoos erkrankte Schlank- und Stummelaffen gern mit Antibiotika behandelt, was deren lebenswichtige Darmbakterien abtötet – und so oft auch die Patienten.

Früchteesser repräsentieren die andere Fressliga der Affen. Deren Schneidezähne sind verbreitert, was das Hineinbeißen erleichtert, und ihre flacheren Molaren können eingebettete Samen gut herausmahlen. Zu diesen Schleckermäulern zählen Meerkatzen, Paviane und Makaken. Während ihr Kammermagen die Folivoren definiert, sind Backentaschen das Spezialmerkmal der Frugivoren. Sie fungieren als eingebaute Vesper-

Obstler. Früchte sind Hauptnahrung der Backentaschenaffen – wie diese Kaki, auf die ein Japanmakak sein Auge wirft (Hashimoto Kansetsu, 1940).

boxen. Proviant wird rasch gepflückt und verstaut, um den Inhalt anderorts weiter zu verarbeiten – in dichter Vegetation, geschützt vor Raubfeinden und vor allem abseits hungriger Kumpane.

Allerdings sind Wangentaschen nicht einbruchssicher. So beobachtete ich in Thailand, wie ein halbwüchsiger Schweinsaffe mit sorgsam vollgestopften Backen unliebsamen Besuch von einem ausgewachsenen Kollegen erhielt. Der Adoleszente quiekte ängstlich, trotzdem steckte der Ältere dem verdutzten Kerlchen stante pede die Hand in den Mund und räumte die Vorratskammer aus – beidseitig. Als der Inhalt auf dem Boden lag, machte er sich sodann gemütlich über die Leckerbissen her.

Während Pflanzen kein Interesse daran haben, dass ihre Blätter abgefressen werden, sieht das bezüglich ihrer Früchte anders aus. Denn Blütenpflanzen profitieren davon, wenn die Embryonen zukünftiger Generationen – ihre Samen – von Tieren geschluckt und in einiger Entfernung ausgeschieden werden, um dort zu keimen. Während also Bäume mit Folivoren in Konflikt stehen, leben sie mit Frugivoren in Symbiose. Zwar transportieren auch Vögel und Fledermäuse Sämereien, doch sind die relativ klein, während speziell großwüchsige Affen dickere Kerne verteilen. Etliche Baumsamen sprießen sogar besser, wenn Magensäure sie zuvor umspülte. Dass sie in Kot und damit in Dünger abgesetzt werden, hilft der Keimung zusätzlich.

Affen helfen Bäumen auch auf andere Art, sich zu vermehren: durch Bestäuben. Auf Madagaskar locken die Honigdrüsen von Lianen und Kapok-Bäumen Mongozmakis und Braune Fettschwanzmakis an, die sich am Nektar gütlich tun und Pollen auf andere Blüten übertragen. Manchen Affen ist das süße Sekret sogar Hauptnahrung. So ernährt sich der Sunda-Plumplori überwiegend vom Nektar der Palme *Eugeissona tristis*. Andere Affen vertilgen hauptsächlich Blüten, etwa der Diademsifaka, der auf die Wolfsmilchspezies *Domohonea perrieri* spezialisiert ist und zudem unterirdische Blütenstände parasitischer Zistrosenwürgergewächse erschnüffeln kann.

Affen beuten ihre Umwelten also nicht nur aus, sondern agieren als nachhaltig wirtschaftende Gärtner. Ohne ihre Assistenz würden Biotope mittelfristig zugrunde gehen oder ihre Komposition dramatisch ändern.

Besondere Gewohnheiten ermöglichen es Affen, in je eigenen ökologischen Nischen zu existieren. Zu den extremen Spezialisten zählen die Dscheladas im äthiopischen Hochland, wegen ihres unbehaarten roten Brustflecks auch Blutbrustpaviane genannt – obwohl sie nicht zur zoologischen Gruppe der Paviane zählen. In gebirgigen Höhen von 2000 bis 4000 Metern lebend, verputzen sie als einzige Primaten hauptsächlich Gras und Grassamen. Ein beweglicher Daumen, mit dem sie einzelne Halme greifen, hilft ihnen dabei.

Ein madagassischer Pflanzenesser wiederum kann es mit dem Großen Panda aufnehmen, der ja wegen seiner 99 Prozent des Speisezettels abdeckenden Nahrung auch Bambusbär heißt. Dabei enthalten diese Süßgräser eine Substanz, die berühmterweise schwach nach Mandeln riecht und für fast alle Säugetiere hoch toxisch ist: Cyanid. Dieses Salz der Blausäure hemmt ein Enzym in der Atmungskette und blockiert so die Sauerstoffverwertung in der Zelle. Doch was der Panda gleichwohl unbekümmert konsumiert, stopfen auch madagassische Lemuren in sich hinein – allen voran der Goldene Bambuslemur, der zu 78 Prozent Schösslinge und junge Blätter des Riesenbambus schnabuliert. Der circa 1,5 Kilogramm schwere Lemur mampft damit eine bis zu 48-mal höhere Dosis, als für vergleichbare Säugetiere tödlich wäre. Wie bei Pandas ermöglicht eine Mutation, das Cyanid mittels des Enzyms Rhodanese in ungiftiges Thiocyanat umzuwandeln.

Schmecklecker. Zu den auf Baumharz spezialisierten kleineren Primaten zählt der Gabelstreifenmaki, ein Lemur.

Mit Entgiftung hat auch Geophagie zu tun, das Erdeessen. Wer in unserem Forschungsgebiet in Nigeria enge Flusstäler durchwandert, trifft auf steile Uferbänke, wo Höhlen ins Hanginnere führen. Videofallen enthüllen, dass neben Antilopen auch Mantelaffen die Vertiefungen aufsuchen und dort Erde verkosten, wodurch die Kavernen stetig tiefer werden. Vielleicht enthält das ausgewählte Erdreich seltene Minerale. Wahrscheinlicher aber hängt Geophagie mit Folivorie zusammen. Denn oft müssen die Tiere mit älterem Laub vorliebnehmen, das problematische Stoffwechselprodukte beinhaltet. Die werden durch feinporige Erde gebunden, so ähnlich, wie Kohletabletten wirken. Indische Languren, ebenfalls passionierte Blattesser, verzehren statt Erde auch eine ganz besondere Kohle: das verschmorte Holz auf Verbrennungsplätzen von Leichen.

Kleinwüchsige Primaten wiederum nutzen das von verletzten Pflanzen ausgeschiedene Harz als wichtige Kohlenhydratquelle. In Baumsäften ist oft Gummi mit ätherischem Öl gemischt, weshalb jene, die diese Exsudate verzehren, als Gummivoren bezeichnet werden. Fürs Harzessen ist es günstig, sich lange an vertikalen Baumteilen verankern zu können. Dafür hilft den Gabelstreifenmakis auf Madagaskar eine den Geckos ähnliche Hand mit breiten Ballen an Finger- und Fußspitzen, während den südamerikanischen Marmosetten Krallen den nötigen Halt ermöglichen.

Gabelstreifenmakis ernähren sich bis zu 90 Prozent von harzigen Ausscheidungen. Die Lemuren entfernen dabei mit ihrem Zahnkamm die Rinde und schlürfen zudem Exsudat, das aus von Käfern geschaffenen Hohlräumen sickert, mittels einer langen schlanken Zunge. Marmosetten verfügen über verkleinerte Eckzähne bei vergrößerten unteren Schneidezähnen, wodurch eine gleichhohe Reihe entsteht, die sich zum Holzbenagen eignet. Ähnlich Makis beißen die Marmosetten Löcher in oberste Rindenschichten, wodurch Saft zu fließen beginnt. Wie Menschen, die Ahornbäume anzapfen, um Sirup zu erhalten, kehren diese Krallenaffen dann stets an zuvor bearbeitete Stellen zurück, um sich dort an Baumsäften gütlich zu tun.

Zahlreiche Affen nehmen zudem tierliches Eiweiß zu sich – wobei die potenzielle Beute umso größer ausfällt, je massiver der Körperbau der Konsumenten ist. Das trifft besonders für Paviane in Afrika zu, wo Männchen bis zu 30 Kilogramm wiegen können und enorme Fangzähne ausbilden. Meine Studierenden kompilierten in einer Vergleichsstudie 329 publizierte Fälle von Prädation bei Pavianen. Sie könnten Löwen neidisch machen, derart breit ist das Spektrum der erbeuteten Spezies – darunter mindestens drei Primaten (Meerkatzen, Mangaben, Buschbabys), zehn Huftiere (etwa Dik-Diks, Impalas, Buschböcke, plus Hausschafe und Hausziegen, außerdem wilde Buschschweine), vier Nagetiere (Eichhörnchen, Ratten, Mäuse), drei Hasenartige, eine Fledermaus, vier Kriechtiere (Eidechsen, Chamäleons, Schlangen, Frösche) und sechs Vogelarten.

In unserem eigenen Untersuchungsgebiet bei Gashaka in Nigeria waren die meisten Opfer Antilopenbabys, die von Nahrung suchenden Müttern in Bodensenken hinterlassen wurden. Die Paviane stolperten einfach über die armen Wichte. Die Beute wird sofort mit langen Zähnen fixiert, vor Artgenossen in Sicherheit gebracht und dann bei lebendigem Leibe aufgerissen und verzehrt – weshalb die Antilopenkälber zuweilen eine Viertelstunde lang herzzerreißend blöken. Das endet erst, wenn der

Pavian mit heftigem Biss den Schädel auftrennt, um ans Gehirn zu gelangen.

Die opportunistische Faunivorie der Paviane wird von den Koboldmakis Südostasiens weit übertroffen, die sich als die einzig obligaten Karnivoren unter Primaten ausschließlich von anderen Tieren wie Insekten, Eidechsen oder Fröschen ernähren. Relativ gesehen nehmen Affen generell umso mehr Animalisches zu sich, je kleiner sie sind. Das hat damit zu tun, dass ihr Körper schneller auskühlt, weil die Oberfläche im Verhältnis zum Volumen ausgedehnter ist als bei großwüchsigen Formen, die mehr Wärme speichern können. Kleinheit erfordert höhere Stoffwechselraten – und die Maschine kann durch hochkalorische, leicht verdauliche Nahrung besser am Laufen gehalten werden.

Manche wildlebenden Säugetiere verzehren zudem eigenen oder fremden Kot. So schlucken etwa Junge von Elefanten, Riesenpandas, Koalas und Flusspferden Ausscheidungen ihrer Mütter oder Herdenkumpane, um ihren Magen-Darm-Trakt mit hilfreichen Bakterien zu besiedeln. Hasen und Kaninchen wiederum essen ihren Kot, um weitere Nährstoffe zu extrahieren, die beim ersten Darmdurchgang nicht erfasst wurden. Unter wildlebenden Affen ist Koprophagie relativ selten, doch wendet beispielsweise der Gewöhnliche Wieselmaki die Methode der Doppelverdauung an, um zusätzlichen Stickstoff zu extrahieren. Dazu spreizen die Lemuren ihre Oberschenkel und rollen den Schwanz nach oben, um danach ihre Ausscheidungen durch Belecken des Anus aufzunehmen. Von Zeit zu Zeit hebt das Tier seinen Kopf, um zu schlucken.

Manchmal ist begehrte Nahrung jedoch von festen Schalen umgeben, die Affen weder aufbeißen noch per Hand aufbre-

Hoffentlich kommt kein Futterneider – scheint dieses Leckermaul zu denken (George Stubbs, 1799).

chen können. Menschenaffen verschaffen sich dann zuweilen intelligent Zugang, indem sie Werkzeuge einsetzen. Derlei Raffinesse wurde anderen Primaten abgesprochen. Doch wissen wir heute, dass zumindest einige Affen die hohe kognitive Hürde simpler Technologie meistern können.

Die Kapuzineraffen Lateinamerikas – deren kontrastierend gefärbte Kopfoberseite der Tracht des katholischen Ordens ähnelt – setzen etwa mancherorts Steine ein, um Knollen zu ergraben oder Cashew- und Palmnüsse zu knacken. Obwohl sie selbst nur 2 bis 4 Kilogramm wiegen, sind eingesetzte Steine durchschnittlich 1,1 Kilogramm schwer, maximal sogar 2,5 Kilogramm. Bezogen auf mein Körpergewicht von 85 Kilogramm müsste ich analog einen 68 Kilogramm schweren Wacker wuchten. Die Schlagkraft der Kapuzineraffen ist also enorm, was auch nötig ist, denn Palmnüsse sind gut und gerne dreizehnmal härter als Walnüsse und zwei- bis fünfmal so hart wie Macadamianüsse.

In Thailand setzen manche Langschwanzmakaken ebenfalls Steinhämmer ein. Mit Kieseln zertrümmern die Affen in durch Ebbe freigelegten Gezeitenbereichen der Andamanensee den schalenartigen Mantel von Austern und Seeschnecken oder die Exoskelette von Krabben, um deren Weichteile zu ergattern. Auf der Insel Piak Nam Yai beherrschen 88 Prozent der erwachsenen Makaken derlei Technik. Die zum Ernten der Meeresfrüchte eingesetzten Steine wiegen zwischen 19 Gramm und 4 Kilogramm. Während festsitzende Austern am Ort ihrer Anhaftung aufgeschlagen werden, müssen Schnecken gewöhnlich auf einem ausgewählten Steinamboss platziert werden. Die nicht-menschlichen Gezeitenfischer sind übrigens zusätzlich interessant, weil aquatische Nahrung, erwirtschaftet im Wasser oder Strandbereich, auch in der menschlichen Evolution eine wichtige Rolle gespielt haben mag.

Ernährung bedeutet jedoch Speis *und* Trank. Entsprechend löschen Affen ihren Durst indirekt via in Früchten und Blüten gespeicherter Flüssigkeit oder direkt über Blättertau, Bäche und Wasserlöcher.

In der Karibik allerdings artet Trinken oft in *Be*trinken aus. Wer auf St. Kitts einen kühlen Cocktail genießt, wird nicht selten von Affen beraubt, die mit dem Longdrink kurzen Prozess machen. Die Diebe sind Nachkommen Grüner Meerkatzen, die über Handelsschiffe aus Westafrika zu den Westindischen Inseln gelangten. Auf St. Kitts lernten die 3 bis 7 Kilogramm schweren Affen alsbald fermentiertes Zuckerrohr zu schätzen, den Rohstoff für Rum.

Die Folgen des Alkoholgenusses wurden an 200 gesellig gehaltenen Meerkatzen genauer untersucht. Jeder Proband erhielt regelmäßig 200 Milliliter Flüssigkeit zur Auswahl: ein alkoholisches Getränk (15 Prozent Ethanol, 3 Prozent Saccharose) und einen alkoholfreien Drink mit lediglich Süßstoff. Das Ergebnis des Experiments: 15 Prozent der Affen waren Abstinenzler, 70 Prozent konsumierten weniger als 5 Gramm Alkohol pro Tag und Kilo Körpergewicht, 10 Prozent waren Dauertrinker und 5 Prozent exzessive Schluckspechte, die den alkoholischen Drink hastig hinunterstürzten. Besoffene Grüne Meerkatzen ähneln stocktrunkenen Menschen, weil sie unbeholfen wirken und Verrenkungen oder akrobatische Sprünge zeigen. Im Rausch werden die Affen zudem geselliger, aber auch aggressiver. Außerdem ist die Wahrscheinlichkeit erhöht, dass die Nachfahren von Trinkern ebenfalls Alkoholiker werden.

Diese Studie lädt ein, über den Ursprung von Alkoholkonsum zu spekulieren. Früchte wurden vor 45 bis 34 Millionen Jahren eine Hauptnahrung früher Primaten. Vielleicht lokalisierten die Uraffen eine Fruchtbonanza anhand des Fermentationsgeruchs. Nachfolgende Mutationen mögen es dann erlaubt haben, Alkohol und somit selbst noch verrottende Früchte verdauen zu können.

Das kann allerdings in eine evolutionäre Falle führen – ähnlich wie bei Zucker und Fett. So war es einst vorteilhaft, bei der Fahndung nach diesen seltenen Nährstoffen Ausdauer zu zeigen, was im Gehirn einen als Wohlgeschmack empfundenen Belohnungsmechanismus anzüchtete. Gestillt wird der heute von Industrien, die Fastfood und Süßigkeiten liefern – mit negativen Folgen für die Gesundheit.

Damit bestätigen sich Befürchtungen, wie sie Sebastian Brant schon 1494 in seiner Moralsatire *Das Narrenschiff* äußerte, als er den Begriff vom »Schlur-affenland« prägte und so die Neigung zum schludrigen Schlemmen geißelte. Dass für die Metapher der wohlentwickelte Geschmackssinn nicht-menschlicher Primaten Pate stand, ist durchaus angemessen: Weil auch und gerade für Affen gilt, dass, wer sich einen Affen antrinkt oder seinem Affen Zucker gibt, sich zu ebendiesem macht.

Kulleraugen und Stupsnasen. Loris sind einfach süß – was ihnen oft lebenslange Qual als Haustierchen beschert (Joseph Smit, 1904).

Geselligkeit. Kooperieren und Konkurrieren

Ein Affe ist *kein* Affe, heißt eine primatologische Weisheit. In der Tat: Die meisten Arten sind dauerhaft gesellig. Gruppenmitglieder kennen einander persönlich hinsichtlich Gewohnheiten, Stärken und Schwächen. Das ist eine gänzlich andere Sozialität als die in Schwärmen oder Herden, wie sie Vögel, Fische, Wanderheuschrecken oder Huftiere bilden. Deren Verbände werden oft nur saisonal geformt und stellen eine anonyme Schar dar.

Es ist aber durchaus nicht klar, warum Affen das Zusammensein dem Eremitentum vorziehen. Im Prinzip könnte jeder allein leben und gesellschaftlichen Diskurs auf kurze Sexualakte beschränken. Tatsächlich praktizieren das Loris und Koboldmakis, und manche Lemuren formen ebenfalls nur lose, temporäre Cluster.

Allerdings: Diese eher kleinformatigen Primaten sind vermutlich auf Arten und Weisen sozial, die wir Menschen nur schwer erkennen und nachvollziehen können – sind sie doch nachtaktiv und unterhalten Kontakt auch via Geruchsmarken und Ultraschallrufen. Solche Andersartigkeit thematisierte der US-amerikanische Philosoph Thomas Nagel in seinem 1974 publizierten Aufsatz *What Is It Like to Be a Bat?* (deutsch: Wie ist es, eine Fledermaus zu sein?): Wir werden wohl nie wissen, wie es sich für Tiere anfühlt, echolotartige Wahrnehmungen zu haben. Da stehen wir einfach außen vor.

Überdies schwanken die Größen der Lebensgemeinschaft enorm: zwischen einem Individuum – bei vielen Feuchtnasenprimaten – und sage und schreibe 800 Tieren bei den stämmigen Mandrills in Zentralafrika. Auch innerhalb einer Art gibt es Fluktuation, wie bei Roten Stummelaffen, deren Gruppen zwischen 12 und 150 Mitglieder umfassen. Darüber hinaus findet sich bei einigen Spezies, etwa den Klammeraffen, Dscheladas oder Mantelpavianen, ein sogenanntes *Fission-fusion*-Muster von wiederholtem Aufspalten und Wiedervereinigen.

Die Sozioökologie fragt, ob und wie hinter dieser Vielfalt ein System steckt, also divergierende Umwelten das jeweilige Sozialverhalten prägen. Unser Wissen darüber wurde über Jahrzehnte hinweg stetig verfeinert, nicht zuletzt, weil wir heute sehr viel mehr über sehr viel mehr Arten wissen, was das Spektrum beobachteter Varianz nochmals dramatisch erweitert.

Permanentes Gruppenleben scheint zumindest auf den ersten Blick klar vorteilhaft, vereinfacht es doch den Zugang zu Partnern für Fortpflanzung und Fellpflege, erlaubt das Teilen von Information über die Lokalität von Nahrung und bietet besseren Schutz vor Feinden. Doch Geselligkeit hat auch Nachteile: Konkurrenz um Paarungspartner, erhöhtes Risiko der Übertragung von Krankheiten, längere Wege zu und Streit um Nahrungsquellen sowie erhöhte Ortbarkeit einer Gruppe für Raubtiere. Ein Miteinander lohnt sich mithin nur, wenn die Kosten geringer ausfallen als der Nutzen.

Viele Raubtiere stellen Affen nach – Greifvögel, Großkatzen, Schlangen und andere Primaten einschließlich Menschen. Geselligkeit reduziert das eigene Todesrisiko. Zunächst gibt es in Sozialverbänden mehr wachsame Augen, was frühzeitigeren

Weil die Konkurrenz nicht schläft, werden Fruchtvorräte von diesen Meerkatzen eher hektisch geplündert (Frans Snyders, 1630/40).

Alarm ermöglicht. Zugleich müssen Einzelne weniger intensiv aufpassen und können die frei werdende Zeit zum Nahrungserwerb verwenden. Und obwohl Raubtiere vielköpfige Gruppen leichter orten, da mehr Mitglieder mehr Lärm machen und besser sichtbar sind, profitiert der individuelle Affe im Fall eines Angriffs vom Kollektiv, weil rein statistisch durch den Verdünnungs-Effekt das Risiko sinkt, selbst gefressen zu werden. Schließlich: Je mehr potenzielle Opfer flüchten, desto schlechter können sich Beutegreifer wegen des Konfusions-Effektes auf ein einzelnes konzentrieren. Überdies müssen Angreifer mit vereinter Gegenwehr rechnen – alles Faktoren, die den Wert des Jagdaufwandes verringern.

Der Stil des Miteinanders wird zudem stark von der Qualität der Nahrung beeinflusst. Das lässt sich anhand der Dichotomie zwischen Blattessern und Allesessern bestens illustrieren. Wer folivoren Languren oder Mantelaffen zuschaut, wird hinsichtlich schlechter Tischmanieren bestenfalls mildes Gerangel und Geschubse feststellen, während bei den omnivoren Makaken oder Pavianen nicht nur beständig die Zähne gebleckt werden, sondern die Drohungen oft zu Schlägen und blutigen Bissen eskalieren.

Wieso ist der Alltag der einen friedlich und einvernehmlich und jener der anderen konfliktbeladen und zänkisch, obwohl doch alle Spezies zu den Geschwänzten Altweltaffen zählen?

Gemäß einer Hypothese der Sozioökologie reflektieren kontrastierende Temperamente den relativen Wert der Nahrung. Wir erinnern uns: Schlankaffen können dank gekammerter Mägen, in denen es von Zellulose spaltenden Bakterien wimmelt, faserreiches Laub verwerten, ihr Grundnahrungsmittel. Da Blätter in Hülle und Fülle weit im Geäst verteilt wachsen und alle den gleichen Nährwert haben, ist nichts gewonnen, sie nur für sich haben zu wollen. Zwar mag dieser belaubte Ast ein wenig besser sein als der benachbarte, doch handelt es sich um ein Mehr-oder-Weniger, das höchstens Anlass gibt zu Konflikten im Stil von ›Kabbel-Konkurrenz‹ (*scramble competition*). Weder lohnen sich Allianzen, um gemeinsam Essplätze zu verteidigen, noch das Ausbilden strikter Rangordnung. Der Konkurrenzstil von Schlankaffen – ihr sogenanntes kompetitives Regime – gilt darum als individualistisch, egalitär und nicht-linear.

Anders die Situation bei den Omnivoren. Sie können Blätter kaum verwerten, sondern sind auf nährstoffreiche Brocken angewiesen, etwa zuckerhaltige Früchte, fettreiche Samen oder eiweißreich Animalisches. Solche Schmankerln sind relativ rar, kommen geklumpt vor und lassen sich deshalb in Gänze monopolisieren. Weil keiner dem anderen die Butter auf dem Brot gönnt, werden ergatterte Gaumenfreuden eiligst in den Backentaschen verstaut, um sie später abseits in Ruhe zu zerkauen. Beim Nahrungserwerb herrscht damit ein Alles-oder-nichts-Prinzip. Denn erobert der erste Affe eine reife Frucht, geht der zweite leer aus. Deshalb wird nicht mild gezankt, sondern ernsthaft gebissen – im Stil einer ›Keilen-Konkurrenz‹ (*contest competition*). Das kompetitive Regime etwa von Makaken gilt deshalb als nepotistisch, despotisch und linear, mit strikter Hierarchie von Alpha bis Gamma, bei dem Unterlegene panisch fliehen.

Die andersartigen Dominanzstile prägen gegenläufige demografische Dynamiken. Die Weibchen von Schlankaffen können, da sie niemandem Substanzielles wegessen, ohne Schwierigkeit die Gruppen wechseln. Bei Backentaschenaffen hingegen würden Neuankömmlinge als zusätzliche Fresser angegriffen. Weibliche Rhesusmakaken bleiben deshalb in ihrer Geburtseinheit – sie sind philopatrisch. Zudem kommt es zur Clan-Bildung, bei der Großmütter, Mütter und Töchter kooperieren. Denn unter dem Strich lohnen sich Allianzen von Blutsverwandten für die einzelnen Affen.

Die Lebensstile der beiden Affenformen dergestalt zu vergleichen, entspricht dem klassischen Ursache-Wirkungs-Ansatz des ökologischen Determinismus. Allerdings sei nicht verschwiegen, dass diese Standarderklärung für divergierende Temperamente zeitweilig versagt. So sind zwar Rhesus- oder Langschwanzmakaken aggressive Gierhälse. Doch die nahe verwandten Schopf- und Tonkean-Makaken kennen weder rigide Dominanzhierarchien noch verletzende Beißereien. Ähnlich wechseln nicht bei allen Langurenarten die Weibchen ihre Geburtsgruppe. Die Vorhersagen des ökologischen Determinismus gelten also nicht für alle Gattungen. Sich mit der enormen inter- und intraspezifischen Varianz unter Affen herumzuplagen, fordert die Primatologie jedenfalls weiterhin heraus. Je mehr wir wissen, desto mehr Fragen tun sich auf.

Sei es, wie es sei: Die Qualität der Nahrung wirkt sich wahrscheinlich nicht nur auf Anatomie und Verhalten aus, sondern formt auch mentale Welten – also das Denken. Das verdeutlicht eine Studie auf der Insel Barro Colorado in Panama, bei der Folivore und Frugivore verglichen wurden. Hier sind es Brüllaffen, die blattreicher Kost frönen und dabei ziemlich gemächlich durch das Kronendach streifen. Klammeraffen hingegen favorisieren reife Früchte und legen pro Tag vielfach längere Strecken zurück. Unterschiede sind zudem aber im Grad der *Enzephalisation* festzustellen. Diese ›Verhirnlichung‹ spielt als Begriff auf eine indirekte Intelligenzmessung an, wobei der denkende Teil des Gehirns, die Großhirnrinde (Neokortex), zu den übrigen Komponenten ins Verhältnis gesetzt wird (*neocortex ratio*).

Bei Klammeraffen ist das Gehirn relativ größer als bei Brüllaffen. Das nährt die Hypothese der ›ökologischen Intelligenz‹. Demnach standen Klammeraffen unter immensem Druck, die zu wechselnden Zeiten an auseinanderliegenden Stellen ihres Wohngebietes reifenden Fruchtbäume ausfindig zu machen und sich deren Standorte zu merken. Beim Abernten verlässlich erfolgreich zu sein, erfordert eine Kalkulation der energetisch günstigsten Wanderwege – entsprechend dem Problem des Handlungsreisenden, der ein Dutzend Städte nacheinander auf kürzestem Weg besuchen will. Überdies sind etliche Ressourcen wie nestbildende Insekten, Honig oder Samen nicht sichtbar, sondern müssen extrahiert werden, was ebenfalls Raffinesse voraussetzt.

Diese Zwänge hinsichtlich einer effizienten mentalen Kartierung (*mental mapping*) forderten und förderten die kognitiven Fähigkeiten der Klammeraffen, was sich in der ausgeprägteren Enzephalisation dieser Primaten niederschlug. Die nahe verwandten Brüllaffen kommen ohne gedankliche Verortung ihrer Nahrungsquellen aus, da ihnen ihr Laubschmaus sozusagen in den Mund wächst. Sie sind deshalb weniger ›verhirnlicht‹.

Erneut hat diese so plausible Erklärung ihre Kritiker. Sie kommen aus der Schule der sozialen Intelligenz und bestreiten eine Priorität der Ökologie, da die Dimensionen des Neokortex weder positiv mit extraktiven Techniken noch mit früchteessender Lebensweise noch mit der Wohngebietsgröße korrelieren – wohl aber mit der Gruppengröße schlechthin. Äffisches Denkvermögen wäre demnach weniger durch die Umwelt als durch Kosten und Nutzen des Soziallebens geprägt.

Ausgangspunkt für diese Annahme ist die skizzierte Überlegung von den Vorteilen der Geselligkeit: Futterquellen können zusammen verteidigt werden, viele Augen machen schneller Gefahren aus, man kann sich gegenseitig wärmen und reinigen. Gleichwohl sind Gefährten zugleich Konkurrenten – eben um Nahrung, um Paarungspartner oder sichere und bequeme

Schlafplätze. Unter diesen Bedingungen hinterlassen jene mehr Nachkommen, die die Vorteile des Zusammenlebens nutzen, aber dessen Nachteile abmildern können. Hierbei schneidet besser ab – und jetzt kommt die kognitive Komponente ins Spiel –, wer seine Gefährten eigendienlich zu manipulieren vermag.

Bei den Languren Nordwestindiens wurde ich Zeuge, wie das funktioniert. In einer der dortigen Gruppen verjagte das ranghöchste Männchen alle anderen von den besten Futterstellen. Wozu sonst ist man Alphatier? Halbstarke Unterlegene mussten Kohldampf schieben, bis Alpha sich den Bauch vollgeschlagen hatte, und durften hinterher die Reste teilen. Eines Tages trat Alpha sich einen Dorn in den Fuß. Der fing alsbald zu eitern an, und der Oberaffe konnte nur noch humpeln. Jetzt schlug die Stunde der Halbstarken. Sie rächten sich für vormalige Demütigungen und verscheuchten Alpha von einem Teppich reifer Akazienschoten, der sich unter einem Baum angesammelt hatte. Wegen seines Humpelfußes konnte der Entthronte nichts tun, und dass er mit den Zähnen knirschte, nahm niemand ernst. Doch plötzlich stieß Alpha einen bellenden Alarmruf aus. In den Köpfen der Halbstarken gingen die Alarmglocken an. Tiger!, dachten sie, Leopard! Hundemeute! Und flüchteten blitzartig auf umliegende Bäume. Alpha aber machte sich genüsslich über die Schoten her. Und das Raubtier? Fehlanzeige. Dass Alpha seelenruhig fraß, legte den Schluss nahe, dass er die anderen reingelegt hatte – mit dem Trick eines falschen Alarms.

Das Beispiel mag zunächst nicht sonderlich beeindrucken. Schließlich sind viele Tiere Gaukelkünstler. Das Wandelnde Blatt ist ein Insekt, das wie trockenes Laub ausschaut, während die Stabheuschrecke einem Zweig zum Verwechseln ähnelt.

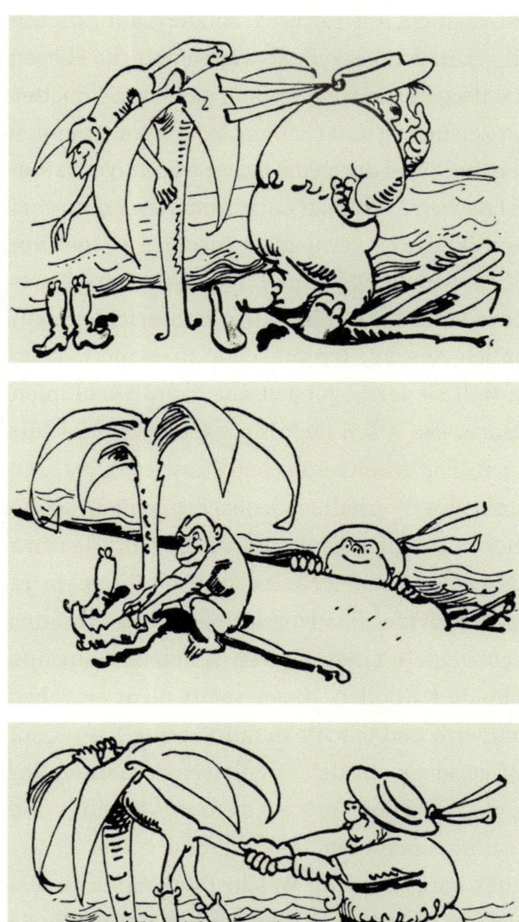

Kann Fipps der Affe Gedanken lesen? Menschen können's bestimmt. (Wilhelm Busch, 1879).

Wieder andere setzen nicht auf Tarnung, sondern auf Abschreckung – trotz völliger Harmlosigkeit. So tragen manche Fliegen das schwarz-gelbe Ringelkleid von Wespen, manche Schmetterlinge ähneln nach Zeichnung und Färbung eklig schmeckenden Faltern, obwohl sie für Vögel durchaus lecker wären. Vom situationsabhängigen falschen Alarm des Langurenaffen unterscheidet sich derlei Mimikry, weil verkleidete Insekten immer nur die gleiche Geschichte erzählen können. Genau darum wäre es nicht richtig, solche Verstellungen als Lüge zu bezeichnen. Zur Lüge gehört nämlich Absicht. Irreführende Insekten denken sich aber nichts, weil sie fertig getarnt aus dem Ei schlüpfen. Beim falschen Alarm des Affen liegt hingegen zumindest die Möglichkeit einer absichtlichen taktischen Täuschung vor.

Dass wir das aus reiner Verhaltensbeobachtung nicht schließen *müssen*, sondern lediglich *können*, mag eine aus den Drakensbergen Südafrikas überlieferte Anekdote von einem jugendlichen Savannenpavian illustrieren. Dieser Affe, von uns Paul genannt, beobachtete einen älteren Kumpan beim Ausbuddeln schmackhafter Knollen, die er selbst nicht ergraben konnte. Paul wimmerte und machte dadurch seine Mutter auf die Situation aufmerksam. In der offenbaren Annahme, ihr Kind sei misshandelt worden, vertrieb sie den Älteren – und Paul konnte die Knollen mampfen.

Was spielte sich in Pauls Kopf ab? Welche Denkstufen (*orders of mental representation*) lagen vor? Am einfachsten ist die Erklärung, dass Paul sich gar nichts dachte bei seinem Geschrei. Vielleicht war er lediglich furchtbar hungrig, sah einen anderen Pavian essen und fing deshalb zu weinen an. Daraufhin kommt seine Mutter angerannt, weil sie denkt, ihrem Kleinen wäre etwas passiert. Die Mutter verjagt den vermeintlichen Missetäter – und Paul macht sich über die Knollen her. Dies entspräche einer ›Denkstufe null‹ – weil Paul sich nichts dachte. Es könnte jedoch sein, dass sich Pauls Kopf auf ›Denkstufe eins‹ befand. In diesem Falle hätte er geschrien, weil er wollte, dass seine Mutter angerannt kommt – ein Fall von Manipulation. Noch raffinierter wäre Paul, wenn er ›Denkstufe zwei‹ eingeschaltet hätte: Wenn ich schreie, wird meine Mutter glauben, dass ich in Gefahr bin. Jetzt wäre er ein Gedankenleser, der sich in andere hineinversetzt.

Wir können nicht wissen, durch welche mentalen Prozesse Pauls Handeln motiviert wurde, da die Szene bei allen der vorgestellten Denkstufen äußerlich identisch abläuft. Gleichwohl ist interessant, dass die Frequenz solcher potenziell taktischen Täuschungen innerhalb der Primatenordnung positiv mit dem Neokortex-Verhältnis korreliert ist.

Die Anhängerschaft dieser Theorie vermutet sogar, dass es aus dem sozialen Feld zu einem kognitiven Transfer ins technologische Feld kam. Denn der Gebrauch von Werkzeug erfordert die effiziente Transformation eigener Muskelkraft. Eine ähnliche Dynamik liegt vor, wenn bei Mantelpavianen ein Weibchen ein anderes androht und zugleich dem Haremshalter ihre Genitalregion beschwichtigend präsentiert. Die Angedrohte wird es nicht wagen, sich durch Entblößen ihrer Zähne zu revanchieren, weil das Männchen ihre Gebärde sonst als an ihn gerichtet missverstehen könnte. Bei dieser sogenannten geschützten Drohung nutzt das drohende Weibchen somit die Muskelkraft des Haremshalters zu eigenen Zwecken – er agiert für sie als soziales Werkzeug. Ganz ähnlich benutzt der kleine Pavian Paul

Zuschauen, ausprobieren, nachäffen. Primaten lernen auf vielfältige Weise, doch sehr oft voneinander (Gabriel von Max, 1867).

seine Mutter als Werkzeug, um einem Älteren Leckerbissen wegzuschnappen.

Dieser Ansatz stellt die traditionell vermutete Abfolge auf den Kopf, dass Primaten irgendwann angefangen hätten, technische Werkzeuge zu benutzen und kognitive Fähigkeiten sich dadurch allmählich erweiterten. Eventuell war es umgekehrt: Handwerkliches Know-how entwickelte sich als Folge sozialer Raffinesse. Arthur Schopenhauer drückte das besonders vornehm aus: »Der Intellekt tritt [bei den Affen] vikarierend für Muskelkraft ein.«

Auch ein anderes Verhalten erscheint durch die Forschungen zur Kognition in neuem Licht: das sprichwörtliche Nachäffen. Traditionell galt Imitation als eher primitive Leistung, wie auch die englische Wendung *monkey see, monkey do* suggeriert. Nachzumachen, was andere vormachen, das zeugt nicht von Grips. Ironischerweise wird heute jedoch infrage gestellt, ob Affen tatsächlich imitieren können. Denn echtes Nachäffen ist durchaus kein billiger Trick, sondern eine komplexe mentale Transformation.

Das Pionierbeispiel zur Imitation bezieht sich auf Japanmakaken der Insel Kōjima, die in den 1950er-Jahren von Wissenschaftlern mit am Strand ausgeschütteten Süßkartoffeln gefüttert wurden – weshalb beim Verzehr Sand zwischen den Zähnen knirschte. Als Genie galt deshalb das Weibchen Imo, als es 1953 begann, die Knollen im Meer zu waschen, so von Sandkörnern zu befreien und zudem zu salzen. Nach einigen Jahren wuschen alle Affen der Kolonie ihre Kartoffeln – bis auf die alten Herren, die altersstarr die Neuerung verweigerten und bei denen der Sand weiterhin im Gebiss knarrte. Ab 1956 erfand Imo sogar eine effektive Methode, ausgestreutes Getreide zu ernten. Sie scharrte das Gemisch zusammen und trug Hände voll ins Wasser. Der schwere Sand sank nach unten, und oben schwimmende Körner ließen sich abschöpfen. Im Lauf der Zeit übernahmen andere Affen auch diese Technik. Die Kōjima-Makaken gingen so als erstes Beispiel von Affen-Tradition und Proto-Kultur in die Lehrbücher ein. Keines der ursprünglichen Gruppenmitglieder ist heute mehr am Leben – aber ihre Nachfahren waschen noch immer Kartoffeln.

An der Deutung, dass weniger clevere Makaken einfach den

Genius von Imo imitiert hatten, regen sich heute allerdings Zweifel. Eine genauere Analyse der Daten zeigt, dass oft Monate, ja Jahre vergingen, bis andere Individuen sich die Technik zu eigen machten. Bei echter Imitation hätte der Transfer deutlich schneller erfolgen müssen. Alternativ wird vorgeschlagen, dass die Affen die Methoden jeweils allein entwickelten. Nahezu tagtäglich mit Nahrung am Strand hantierend, brauchten manche Affen zwar erheblich länger, doch kamen schließlich alle durch Versuch und Irrtum selbst auf den Trichter.

Imitation muss also nicht vorgelegen haben. Denn reelle Nachahmung ist kompliziert. Sie erfordert, sich in andere hineinversetzen zu können, also eine mentale Repräsentation davon zu haben, was sich im Kopf des Gegenübers abspielt, dessen Absichten zu durchschauen und als eigenen Denkplan zu übernehmen.

In der Primatologie wird zwar weiterhin darüber gestritten, wie clever Affen sind. Die Folklore allerdings zweifelt kaum an entsprechenden Fähigkeiten. In chinesischen Horoskopen wird über den Affen folgendermaßen geurteilt: »Nach außen hin scheint er sich mit jedem zu verstehen, aber das ist oft nur Taktik: Er ist sehr selbstsüchtig [...] und scheut vor Lüge und Unaufrichtigkeit nicht zurück, wenn es seiner Sache nützt.« Ähnliches kolportiert im Jahre 1646 auch der Philosoph René Descartes hinsichtlich dessen, was »die Wilden« von den Affen denken: »Sie stellen sich vor, dass die Affen reden könnten, wenn sie bloß wollten, es aber nicht tun, aus Angst, sie müssten dann arbeiten.« Das beweist nun wirklich, dass sie klüger sind als wir.

Sex.
Masturbieren und Kopulieren

»Einige Arten sind schon wegen ihrer Unanständigkeit nicht zu ertragen; sie beleidigen jedes sittliche Gefühl fortwährend in der abscheulichsten Weise.« Während Alfred Brehm so über Affen klagte, wurde knapp 100 Jahre später die Sexualbiologie der Primaten in dem Bestseller *Der nackte Affe* 1967 vom englischen Zoologen Desmond Morris ganz ohne Prüderie behandelt. So soll es auch hier sein.

Die Liberalisierung des Sexuellen offenbart sich in der Rezeptionsgeschichte der drei weisen Affen, die mit ihren Händen wechselweise Augen, Ohren oder Mund bedecken. Ursprünglich sollte das Trio wohl die konfuzianische Sittenlehre illustrieren: »Was nicht angemessenem Verhalten entspricht, darauf schaue nicht, darauf höre nicht und davon rede nicht.« Die aus Japan stammende spirituelle Anweisung, die Unzufriedenheit mit moralisch Schlechtem nicht zu thematisieren, wurde zunehmend popularisiert und um einen vierten Affen ergänzt, der seine Genitalien abdeckt: *See no evil! Hear no evil! Speak no evil! Do no evil!* Alternativ wird das Quartett allerdings gern als anarchische Aufforderung verstanden, genaue diese Gebote zu übertreten – und speziell das vierte: *Have fun!*

Wer sich für wilden Sex sachlich interessiert, muss allerdings Vokabeln pauken – zunächst bezüglich vier prinzipieller Systeme der Fortpflanzung: Polygynie (Ein-Männchen-viele-Weibchen, also Vielweiberei), Monogamie (Ein-Männchen-

Sex war lange gesellschaftliches Tabuthema – was diese Erweiterung des weisen Affentrios (›Nichts Böses sagen, sehen, hören‹) aufs Korn nimmt.

ein-Weibchen, also Einehe), Polygynandrie (Viele-Männchen-viele-Weibchen, also Promiskuität) und Polyandrie (Ein-Weibchen-viele-Männchen, also Vielmännerei).

Schon die Körperdimensionen verraten etwas über das Sexualleben – ohne dass wir die Tiere je in Aktion sehen müssten. Übergroße Männchen deuten auf Polygynie hin – dass es mithin einzelne schaffen, sich aufgrund überdurchschnittlicher Dimensionen durchzusetzen und eine Schar Weibchen gegenüber Geschlechtsgenossen zu monopolisieren. Das führt zu Sexualdimorphismus, mit großen Haremshaltern, die von kleineren Weibchen umgeben sind – etwa bei Mantelpavianen oder Dscheladas. Sind die Geschlechter hingegen von gleicher Statur, dürfte Monogamie vorliegen. Großsein rechnet sich nämlich nicht für Männchen, wenn rein statistisch auf jeden sowieso nur ein Weibchen entfällt. Die Einebnung der Körpermaße durch Einehe führen beispielsweise Paare von Springaffen vor Augen.

Darwin erkannte den Einfluss intrasexueller Selektion – geschlechtlicher Zuchtwahl – auf die leiblichen Dimensionen. Aber als Kind der sittenstrengen viktorianischen Ära wagte er nicht, seine Analyse auf die Geschlechtsorgane selbst auszudehnen. Das tat erst in den 1970er-Jahren der Neuseeländer Roger Short. Der Veterinärmediziner unterschied zwischen somatischer Selektion, die die Körpergröße beeinflusst, und genitaler Selektion, die auf innere und äußere Geschlechtsorgane wirkt, was wiederum einige Faustregeln generiert.

Merkmal eins: Hodengröße. Verkehren Weibchen mit lediglich einem Männchen, bleiben die männlichen Keimdrüsen relativ klein – so etwa bei Nacht- oder Springaffen. Denn unter den mono-andrischen Bedingungen der Einehe oder Vielweiberei haben eigene Spermien keine Konkurrenz zu fürchten. Paaren sich empfängnisbereite Weibchen hingegen kurz hintereinander mit mehreren Partnern, werden deren Samenzellen in einen Wettlauf zum Ei gedrängt, weil sich im Genitaltrakt der Weibchen konkurrierende Ejakulate vermischen. Wie bei einer Lotterie erhöht sich die Gewinnchance, je mehr eigene Lose sich in der Trommel befinden. Unter den polyandrischen Bedingungen der Gruppenehe und Vielmännerei züchtet die Evolution deshalb dickere Keimdrüsen heran – so zu erkennen bei Makaken und Brüllaffen. Den Rekord halten die durchaus nicht hünenhaften Riesenmausmakis. Diese um 300 Gramm schweren Lemuren besitzen die gigantischsten Hoden im Verhältnis zu den Körperdimensionen. Um da mitzuhalten, müssten bei Menschenmännern zwei Grapefruits zwischen den Beinen baumeln.

Merkmal zwei: Penisform. Da bei Einehe und Vielweiberei keine Spermakonkurrenz zu befürchten ist, ist das Glied wie ein simpler Stecker aufgebaut. Bei Gruppenehe oder Vielmännerei jedoch herrscht ewige Auseinandersetzung unter Nebenbuhlern, weshalb die Form wunderlich variabel ist. So sind lange Penisse vonnöten, um das von einem Vorgänger abgesetzte und trickreich zu einem Pfropfen koagulierte Sperma zu durchdringen. Eine speziell geformte Penisspitze – pilzartig, wie bei Spinnenaffen, oder trichterförmig, wie beim Braunen Wollaffen – ermöglicht es, eigenen Samen gegen die Öffnung zur Gebärmutterhöhle zu drücken. Viele Lemuren und Loris setzen überdies ausgeprägte Penisstacheln ein, die konkurrierende Spermapfropfen regelrecht zerschreddern und zugleich den Penis in der Vaginalwand verankern. Das verlängert die Kopulation und macht erfolgreichen Samentransfer wahrscheinlicher – ein Ziel, das speziell bei Loris durch einen das Glied versteifenden Penisknochen unterstützt wird.

Merkmal drei: Vulva-Schwellung. Wenn Weibchen zu promiskem Sex neigen – etwa bei Makaken oder Pavianen –, schwellen um den Eisprung herum die Schamlippen und der Damm zwischen Vagina und After farbenprächtig an, was fünf Prozent zusätzliches Körpergewicht ausmachen kann. Die für Altweltaffen typische Veränderung des Gewebes signalisiert Fruchtbarkeit, was die Konkurrenz der immerfort hoffenden Männchen anstachelt und so die Wahrscheinlichkeit erhöht, einen Erzeuger mit guter genetischer Ausstattung zu rekrutie-

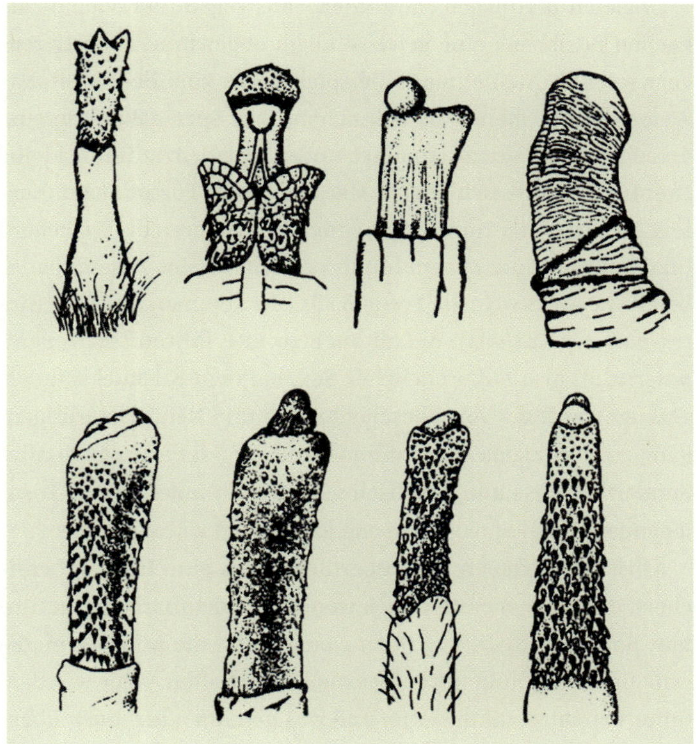

Variable Formen des männlichen Gliedes spiegeln ausgeklügelte Methoden wider, Befruchtung zu erzielen – hier bei Galago-Arten, die auf Haftstacheln und Penisknochen setzen.

ren. Das spektakulär erweiterte Hinterteil verblüfft nicht nur Zoobesucher, sondern verwirrte auch den griechischen Geschichtsschreiber Diodor, der behauptete: »Eine höchst auffallende Erscheinung stellt man bei den Weibchen fest – sie tragen nämlich die Gebärmutter außerhalb des Leibes.«

Obgleich die bisher erwähnten Faustregeln der Vielfalt äffischen Sexlebens eine gewisse Logik abgewinnen, existieren verwirrende Ausnahmen. Beispielsweise kopulieren Sifaka-Weibchen mit mehreren Männchen, was Spermakonkurrenz erzeugen sollte – doch sind ihre Hoden trotzdem auffällig klein. Eventuell verheißen hier gute Manieren mehr Fortpflanzungserfolg als ein praller Hodensack, zumal bei Lemuren die Weibchen oft dominant sind. Zudem impliziert monogames Zusammenleben keineswegs sexuelle Treue. Vielmehr kommen EPCs vor (*extra-pair-copulations*), die oft auch zu EPP führen (*extra-pair-paternity*), also außerehelicher Sex, bei dem Kuckuckskinder gezeugt werden – von Ehescheidungen und Neuverpaarungen ganz zu schweigen. Verblüffend ist hingegen der tugendhafte Sonderfall, dass alle genetisch getesteten Kinder von in Peru lebenden Roten Springaffen ehelich gezeugt wurden.

Äffisches Sexleben wird überdies durch eine Praktik bereichert, die auf den ersten Blick wenig mit Fortpflanzung zu tun hat: Solo-Sex. *Spanking the monkey* lautet die hübsche englische Umschreibung für autosexuelles Verhalten. Aber wer das unter Primaten tut und wie, und was *den Affen verhauen* überhaupt soll, war bis vor Kurzem ziemlich ungeklärt – nicht zuletzt, weil die Gewohnheit schwer zu dokumentieren ist.

Zwar ist Masturbation bei eingesperrten Affen leicht zu beobachten, doch könnte es eine krankhafte Konsequenz von Käfighaltung sein. Im Freiland wiederum ist der voyeuristisch-wissenschaftliche Blick oft durch Laub verstellt, sollte gerade mal jemand Hand an sich legen. Mit Kolleginnen erstellte ich deshalb eine Datenbank, deren 600 Einträge anekdotische Publikationen plus Interviews mit Affenforschern vereint. Dieses

Portfolio beschert zunächst die Erkenntnis, dass es sich tatsächlich um verzweifelte Versuche handeln kann, reizarmem Eingesperrtsein etwas Lebensgefühl abzugewinnen. Doch huldigen auch wilde Primaten der Onanie, was sie als im Grunde gesunde Betätigung ausweist.

Einige Einträge mögen das illustrieren: Bei Roten Stummelaffen bewegte ein Weibchen oft »viertelstundenlang die Finger in die Genitalien hinein und wieder heraus, während sie gleichzeitig züngelte und die Zunge an die oberen Zähne drückte«. Bei Schopfaffen schlug ein Weibchen »mit einer Hand auf ihr Hinterteil und führte dabei jedes Mal einen Finger in ihre Vagina ein«. Bei Anubispavianen masturbiert ein Weibchen, »indem es mit der Schwanzspitze den Damm und ihre Klitoris streichelt«. Männliche Berberaffen »reiben ihre Genitalien an einem Stein, was in einer Ejakulation gipfelt«. Geradezu als Gebrauchsanweisung liest sich das beschriebene Vorgehen eines Meerkatzen-Mannes, der »mit einer oder beiden Händen an seinem Penis zieht oder sie am Schaft entlanggleiten lässt oder, den Penis mit den Fingern einer Hand stützend, den Daumen derselben Hand schnell über die Eichel hin und her bewegt«.

Virale Onlinevideos überführen Affen, die für ihren eigenen Lustgewinn andere Tiere ausbeuten – so einen Langschwanzmakaken, der seinen Penis in das Maul einer asiatischen Erdkröte steckt. In einer an Sado-Maso grenzenden Episode wiederum reibt ein Rhesusaffe »einen Einsiedlerkrebs an seinem erigierten Penis«, der sich mit seinen Zangen dort verankert, worauf der Affe ihn jeweils abzieht. Nach sechs Minuten solcher Stimulation »war sein Penis rot und wund«. Artfremde

Selbsterregung kann noch schlimmer enden – jedenfalls, wenn wir Gabriel García Márquez und dessen Novelle *Die böse Stunde* Glauben schenken, in der ein Mann einen Affen erschießt, der seine sich umkleidende Ehefrau als erotische Inspiration missbraucht.

Drei Viertel der 68 Primatengattungen zeigen Autosexualität. Sie fehlt fast vollständig bei Halbaffen, kommt regelmäßig, wenngleich selten, bei den meisten Neuweltaffen vor, während Altweltaffen unbestrittene Masturbationsmeister sind. Weibchen onanieren gut 40 Prozent seltener als Männchen. Vor allem, wenn eine Gattung keinen Werkzeuggebrauch kennt, scheinen ihnen bestimmte Techniken abzugehen. Denn verglichen mit Männchen setzen sie dreimal so oft Sextoys ein. Dabei schieben Äffinnen Pflanzenteile in ihre Vagina und reiben ihre Genitalien über Rinde oder den Boden. Männchen erzielen Lustgewinn durch Saugen am Penis. Das weibliche Pendant der Autofellatio, der Autocunnilingus, ist selten, während eigene Brustnippel durchaus belutscht werden.

Warum aber wird für nicht-reproduktiven Sex Energie verschwendet? Bei Japanmakaken kann der Verlust substanziell sein, verschlingt Samenproduktion doch bis zu sechs Prozent des täglichen Stoffwechsels. Ejakulat enthält rote und weiße Blutkörperchen sowie Kalium, Zink, Fruktose, Aminosäuren und Enzyme. Dass der Mix die Ernährung ergänzt, erscheint gleichwohl weit hergeholt – obwohl der selbstverursachte Erguss oft ein Genuss nicht nur für die Masturbanden selbst ist, sondern auch für eifrige Mitesser, etwa Weibchen von Rhesus- oder Hutmakaken oder die Brüder und Schwestern sich verlustierender Pinselohräffchen.

Selbstbefriedigung ist die oft häufigste sexuelle Betätigung bei Primaten (Japanmakak, Keisai Eisen, um 1817).

Wahrscheinlicher sind jedoch andere indirekte Vorteile. Der Höhepunkt bringt das Blut in gesunde Wallung, gefolgt von entstressender Entspannung, speziell, wenn kein Partnersex möglich ist. Für jüngere Affen mag es auch nützlich sein, sich mit dem Glied am beziehungsweise dem Loch im eigenen Körper vertraut zu machen, bevor der Ernstfall eintritt. Sexuelle Erregung zu signalisieren, mag überdies träge Partner in Schwung bringen. So stellen männliche Bärenmakaken ihre Virilität handgreiflich zur Schau, während sie Weibchen anblicken oder festhalten. Ähnlich reiben Bart- und Husarenäffinnen ihre Vulva und vokalisieren lüstern, während sie ausgewählten Männchen schöne Augen zeigen. Zudem macht Masturbation die Vagina feucht und auch ein selbstbehandelter Penis neigt zum Tropfen – was wiederum wichtig ist, sollte es zum Koitus kommen.

Außerdem mag Krankheitsvorbeugung im Spiel sein. In den tropischen Heimaten der Affen ist die Erregerdichte groß, und häufiger Partnerwechsel beim Sex ist der Gesundheit ebenfalls nicht dienlich. Selbstbefriedigung vermehrt hingegen Leukozyten und Killerzellen, was Viren und Tumore bekämpft und so auch gegen Geschlechtskrankheiten vorbeugt.

Schließlich und endlich hat Onanie direkten Einfluss auf die Befruchtung. So können onanierende Äffinnen die Chance erhöhen, von einem begehrenswerten Freier befruchtet zu werden. Der normal saure pH-Wert um 4,5 in der Vagina schützt vor Infektionen, kann aber auch Spermien schädigen; durch Masturbation vor oder nach der Paarung wird der Wert auf neutrale 6,5 angehoben. Überdies wird dabei mehr Zervixschleim produziert – was Spermien willkommen heißt. Häufiger ist männliche Masturbation ebenfalls, wenn Männchen in Spermakonkurrenz stehen, die Weibchen sich also mehrfach verpaaren. Onanie scheint dann dem Ziel zu dienen, altersschwachen Samen loszuwerden und stattdessen frische Spermien in das Rennen ums Ei zu schicken.

Hinsichtlich des Imperativs der Fortpflanzung erscheinen homosexuelle Hingaben gleichfalls kontraproduktiv, jedenfalls auf den ersten Blick. Obwohl genau wie Masturbation einst als krankhafte Konsequenz kulturdekadenter Zoohaltung abgetan, wissen wir heute, dass es auch und gerade in Gottes freier Wildbahn nicht immer heteronormativ zugeht.

So pflegen unter Bären-, Rhesus- und Japanmakaken manche Äffinnen fantasievolle Liebesspiele. Beim ›Schmatzen und Umkreisen‹ genannten Verhalten bewegt sich ein Weibchen geräuschvoll in stetig engerem Zirkel um eine Auserwählte herum. Neckereien wie ›Präsentieren und Wegrennen‹ oder ›Küssen und Wegrennen‹ münden oft in eine Art Räuber-und-Gendarm-Spiel. Dabei schleichen die Weibchen um Baumstämme herum und bemühen sich, durch rasches Um-die-Ecke-Blinzeln den Nachstellungen der Partnerin zu entgehen. Danach geht es sexuell zur Sache: Ein Weibchen klettert auf den Rücken der Partnerin, hält sich an deren Schultern fest und reibt ihre Klitoris über den Rumpf der Bestiegenen. Zuweilen stimuliert sie dabei ihre Vulva mit dem Schwanzende oder mit der Hand. Manchmal assistiert die Berittene oder zeigt die auch bei heterosexuellen Kopulationen vorkommende ›Kupplungs-Reaktion‹: Sie wendet ihren Kopf, um der Partnerin in die Augen zu schauen. Dabei schmatzt die Bestiegene mit den Lippen, fasst nach hinten und zieht die Partnerin am Körper. Die Aufreitende setzt ihre Beckenstöße fort, bis sich ihr Körper versteift. Das Gesicht ist gerötet, die Lippen runden sich zum O, und die Äffin stöhnt. Dann reagiert sie ähnlich wie ein ejakulierendes Männchen: deutliche Pause, Vorneigen des Rumpfes, tranceartiger Blick ins Nichts. Oft umarmen sich die Weibchen am Ende solcher Begegnungen.

Bei Makaken können mithin also auch Weibchen-Weibchen-Konstellationen zum Orgasmus führen. Zumindest weisen die deutlichen Reaktionen auf die gleiche Erregung hin, wie sie bei Kopulationen mit Männchen über implantierte Minisender gemessen wurden – als erhöhte Herzschlagrate und Vaginalkontraktionen. Das entkräftet den Einwand, gleichgeschlechtliche Kontakte unter Tieren seien nicht sexuell. Zudem widerlegen Affenstudien, dass Homo-Sex lediglich Ersatz ist, wenn Partner des anderen Geschlechts fehlen oder nicht willig sind. Makakenweibchen brechen nämlich zeitweilig Sexualkontakte mit Männchen ab oder weisen Freier aggressiv zurück, um sich stattdessen homosexuell zu betätigen.

Das gleichgeschlechtliche Repertoire von Makakenmännchen ist ebenfalls divers. Es reicht von gegenseitiger manueller Stimulation der Genitalien (Masturbation) über Oralsex durch Lecken und Saugen am Penis (Fellatio) bis zu Aufreiten, Beckenstößen und Penetration mit oder ohne Samenerguss (Analverkehr).

Gleichgeschlechtlicher Sex ist zudem keineswegs eine Fußnote der Sexualbiografie, sondern integraler Bestandteil. So sind alle Hanuman-Languren irgendwann einmal homosexuell aktiv, wobei gleichgeschlechtliche Interaktionen mit 46 Prozent fast die Hälfte aller weiblichen Kontakte ausmachen.

Derlei Spielarten des Sexus sind relativ unbekannt, da sich weltweit nur eine Handvoll Verhaltensforscher des Themas annehmen – etwa ich selbst in Zusammenarbeit mit meinem kanadischen Kollegen Paul Vasey. Selbstzensur mag eine Rolle spielen, wegen homophober Reaktionen und der Unterstellung, lediglich die eigene Betroffenheit zu thematisieren. Spannender bleibt jedoch die Frage, warum die Selektion derlei unfruchtbaren Sex nicht abgeschafft hat. Diesbezüglich ist wichtig, dass äffische Lust sich gewöhnlich bisexuell manifestiert, dass es also nicht nur mit Geschlechtsgenossen, sondern auch mit dem anderen Geschlecht getrieben wird. Solche nicht-exklusive Homosexualität ist mithin nicht gleichbedeutend mit Verzicht auf Reproduktion. Ganz ähnlich führt auch der allermeiste Hetero-Sex nicht zur Befruchtung, sondern wird sozialstrategisch eingesetzt. So kopulieren Affenweibchen außerhalb fruchtbarer Phasen, weil kleine Geschenke die Freundschaft erhalten. Ganz ähnlich kann homosexueller Sex Allianzen schmieden – oder einfach nur Lust und Freude bereiten.

Was aber lässt sich aus äffischer Sexualbiologie auf unsere eigene rückschließen? Was ist beispielsweise unser ererbtes Paarungssystem? Sexuell freizügige Gruppenehe oder Vielmännerei mit ihrer von Weibchen angestachelten Spermakonkurrenz scheiden aus – weil das Hinterteil der Menschenfrauen um den Eisprung herum nicht anschwillt und die Hoden mit circa 0,6 Promille des Körpergewichts deutlich minimaler ausfallen, als bei ausgeprägter Promiskuität zu erwarten wäre. Diese Evidenzen sprechen für monoandrische Verhältnisse, also Vielweiberei oder Einehe. Frauen sind allerdings nicht komplett treu, da die Hoden sonst noch kleiner sein könnten und der Penis noch kürzer. Beides deutet deshalb auf milde Spermakonkurrenz hin. Dass Männern ein Penisknochen fehlt, mag ebenfalls auf weibliches Wahlverhalten zurückgehen. Denn Erektionsstörungen sind oft das Resultat von Dickleibigkeit oder schlechter Blutzucker- und Cholesterinwerte. Kann ein Mann also ohne inneres Gerüst eine Versteifung aufrechterhalten, ist das ein Zeichen seiner Gesundheit.

Die unfruchtbaren Praktiken weisen Menschen ebenfalls als gute Affen aus. So vergnügen sich laut Befragungen 95 Prozent aller Männer und 71 Prozent aller Frauen autosexuell. Zudem finden 2 bis 5 Prozent der Männer und 1 bis 3 Prozent der Frauen ausschließlich das eigene Geschlecht erregend, während 10 bis 30 Prozent gelegentliche homosexuelle Kontakte pflegen, somit als bisexuell einzustufen sind.

Das sittliche Gefühl von Tiervater Brehm wäre angesichts solcher Forschungsergebnisse sicher noch beleidigter, während Desmond Morris sich über den Wissenszuwachs freuen würde, könnte er doch sein Traktat *Der nackte Affe* enzyklopädisch erweitern. Die Naturalisierung der Sexualität, inklusive eines unverkrampften Vergleichs mit anderen Primaten, ist jedenfalls eine konsequente Fortsetzung jenes jahrhundertealten Projekts, das einen herrlich doppelbödigen Namen trägt: Aufklärung.

Nachwuchs.
Umsorgen und Ums-Leben-Bringen

Die Primatologie erforscht neben der Phylogenese, der Stammesgeschichte der Arten, zudem die Ontogenese: die Entwicklung der einzelnen Individuen. Jede Station, von Befruchtung über Schwangerschaft, Geburt und Heranwachsen zur Geschlechtsreife, spiegelt Prozesse von Auslese und Anpassung wider. Die Resultate prägen unsere Existenzen ebenfalls, mit frappanten Deckungen zwischen Menschen und anderen Primaten.

Am Anfang ist das Ei. Es reift während des Sexualzyklus heran, der bei Äffinnen durchschnittlich 28 Tage dauert. Das Ovum wird durch den Eisprung in den Eileiter aufgenommen. Bei manchen Säugetieren, etwa Katzen, löst erst der Koitus die Ausstoßung aus – eine induzierte Ovulation. Bei Primaten ist der Eisprung hingegen unabhängig von der Begattung eine spontane Ovulation. Kommt es zu keiner Befruchtung, degeneriert das Ovum und der Kreislauf beginnt erneut.

Der Zyklus von Feuchtnasenprimaten ist ein Östrus, eine Brunst, weil das Verhalten stark durch Hormone determiniert ist. Entsprechend sind Weibchen nur während weniger Tage paarungsbereit. Lediglich dann ist die Scheide durch Anschwellen äußerlich erkennbar und öffnet sich, während die Geweberänder ansonsten fusioniert sind. Trockennasenaffen hingegen verpaaren sich zwar ebenfalls nicht gleichmäßig, weil Kopulationen periovulativ häufiger sind, also in den Tagen vor

Mamas Augapfel. Äffinnen gebären in der Regel Einzelkinder, um die sie sich jahrelang kümmern (Grüne Meerkatze, Illustration von 1849).

oder nach dem Eisprung. Trotzdem ist die Vagina permanent offen und Weibchen verkehren mit Männchen ebenfalls während unfruchtbarer Phasen oder der Schwangerschaft. In solchen Fällen ist Sex ein soziales Werkzeug – eine Strategie, die uns noch beschäftigen wird.

Bei Trockennasenaffen sind die Zyklen klar voneinander abgegrenzt durch periodische Abstoßung der Gebärmutterschleimhaut. Dieser Zusammenbruch des Endometriums ist bei Koboldmakis und Neuweltaffen allerdings unscheinbar und nur mikroskopisch erkennbar. Bei Altweltaffen einschließlich Menschenaffen kommt es hingegen über drei bis fünf Tage hinweg zu einer meist auch äußerlich erkennbaren Ausscheidung von Flüssigkeit, die Blut, Sekrete und Schleimhautreste enthält: die Menstruation, von lateinisch *mensis*, Monat.

Über diesen Rhythmus wussten bereits die antiken Ägypter Bescheid, als sie vor 5000 Jahren in ihren dem Mondgott Thot geheiligten Tempeln Mantelpaviane hielten. Deren Menstruationen machten sie zu lunaren Gefährtinnen, weil das Nachtgestirn ja ebenfalls zyklischer Schwankung unterworfen ist.

Die Funktion der Periode ist umstritten. Zeitweilig wurde angenommen, dass sie die Gebärmutter reinigt, speziell von an Spermien anheftenden Pathogenen. Entsprechend sollten Blutungen stärker sein, je mehr Paarungspartner die Weibchen haben. Doch obwohl beispielsweise Kattas oder Spinnenaffen sich ziemlich promisk verpaaren, sind ihre Ausscheidungen minimal, während etwa Mantelpaviane, wo Weibchen von nur einem Männchen begattet werden, starke Blutungen aufweisen. Wahrscheinlich ist es schlicht energetisch günstiger, die Gebärmutterschleimhaut zyklisch abzustoßen, statt sie permanent aufrechtzuerhalten, noch dazu in gutem Zustand, der für die Einnistung eines besamten Eis nötig wäre.

Findet eine Befruchtung statt, folgt eine relativ lange Tragzeit – jedenfalls im Verhältnis zur mütterlichen Körpergröße. Während eine Hausmaus von 20 bis 30 Gramm nach 20 Tagen wirft, trägt ein gleichgewichtiger Berthe-Mausmaki um 60 Tage, also dreimal so lange. Die 190 Tage währende Tragzeit eines 300 bis 500 Gramm schweren Zwergloris ist sogar elfmal länger als die eines gleich schweren Feldhamsters, der nach 17 Tagen gebiert – und noch dazu mehrere Junge. Viele Altweltaffen wiederum sind 5 bis 7 Monate lang trächtig. Dass Primaten längere Schwangerschaften als andere Säugetiere gleicher Größe haben, reflektiert wohl die erhöhte Komplexität und damit längere Reifezeit des Nervensystems und des Gehirns.

Geburten finden meist nachts statt, vielleicht, um Beutegreifern weniger Chancen einzuräumen, oder damit die frischgebackene Mutter frühmorgens Anschluss an ihre Genossen behält. Zuweilen wird die Plazenta verzehrt. Sie enthält Opioide und der Genuss wirkt damit schmerzstillend. Das in Fruchtwasser gebadete Neugeborene profitiert von einem ähnlichen Effekt, denn wenn die Mutter es ableckt, wirken die Opioide euphorisierend und lösen einen starken Betreuungswunsch aus.

Neugeborene Primaten sind weder so hilflos wie Kätzchen, Welpen oder die Jungen von Ratten, allesamt Nesthocker, noch sind sie so entwickelt wie neugeborene Gazellen, Pferde oder andere Savannenbewohner, sogenannte Nestflüchter. Am unselbstständigsten sind die Babys mancher Lemuren – Mausmakis, Halbmakis, Varis. Mit geschlossenen Augen geboren und teilweise nackt, packen die Mütter ihre Jungen mit den Zähnen

Jux und Tollerei. Kinderstuben sind generationenübergreifend, wie bei diesen ostafrikanischen Meerkatzen (Illustration von 1884).

und legen sie in Blätternestern oder Baumhöhlen ab, um ungehindert nach Nahrung suchen zu können. Loris wiederum parken ihre Jungen an der Unterseite von Ästen hängend. Bei den weitaus meisten Arten werden Babys mit offenen Augen geboren, können sich mit Greifhänden und -füßen aktiv im mütterlichen Bauchfell festhalten oder klammern sich so auf dem Rücken reitend an.

Die Zusammensetzung der Muttermilch trägt den ungleichen Praktiken Rechnung. Geparkte Babys werden mit fettreicher Milch gestillt, müssen sie doch ihre Körpertemperatur selbst regulieren. Getragene Babys werden durch die Mutter gewärmt und erhalten Milch mit viel Eiweiß, das das Wachstum fördert. Und je eigenständiger die Babys, desto mehr Zucker enthält die

Milch, um Energie für ihre Bewegungsabläufe bereitzustellen.

Auf das langsame fetale Wachstum folgt ein ebenfalls ausgedehntes Heranwachsen, oft inklusive einer verspielten Jugendphase, die anderen Säugetieren gänzlich fehlt. Die Geschlechtsreife setzt ebenfalls sehr spät ein. Dass die Ontogenese also quasi in Zeitlupe abläuft, erlaubt lange Zeiträume, in denen gelernt werden kann – hinsichtlich Umwelt und sozialer Kompetenzen. Auch bei der Wurfgröße und in Kontrast etwa zu Katzen oder Hunden setzen Primaten mehr auf Qualität als auf Quantität. So sind Einlinge die Regel, während Zwillinge sich auf einige Feuchtnasen- und Krallenaffen beschränken.

Die zweite Brustwarze behält der Körper gleichwohl aus Symmetriegründen bei, obwohl Babys gerne an stets derselben säugen, was sie langzieht. Das hilft uns Forschern, Weibchen zu unterscheiden – weil manche zu ›Linkshängern‹ werden und andere zu ›Rechtshängern‹. Nur Babys von Dscheladas bereiten Probleme. Da hier bei den Müttern die Mammae sehr dicht beieinanderstehen, saugen Jungtiere einfach an beiden Brüsten gleichzeitig.

Die Kleinen machen abweichende Erfahrungen, je nachdem, ob sie in Gruppen von Blattessern aufwachsen, wo es kaum Streitereien gibt, oder bei Allesessern, wo um gute Brocken handfest gestritten wird.

Entsprechend ist etwa bei den folivoren Languren die Kinderbetreuung geradezu sozialistisch. Die Nabelschnur ist noch nicht abgefallen, da werden Neugeborene bereits herumgereicht, mal von diesem, mal von jenem Weibchen gekrault, behütet und in Spielereien verwickelt. Die Kleinen verbringen ein Drittel bis zur Hälfte des Tages bei Betreuerinnen. Dank eifriger Babysitter kann die erschöpfte Mutter in Ruhe zarte Blätter und süße Blüten pflücken, ohne Angst, dass ihrem Nachwuchs Leid geschieht. Denn andere Weibchen sind auf weitere zukünftige Laubliebhaber nicht eifersüchtig.

Hingegen sind viele Omnivore, etwa Rhesusmakaken, gegen Neugeborene außerhalb des eigenen Clans prinzipiell feindselig. Entsprechend gerieren sich Mütter extrem beschützend und verbieten ihren Sprösslingen, mit Nicht-Verwandten zu interagieren. Schließlich besteht Gefahr, dass Babys gekidnappt werden, um zukünftige Mitbewerber um wertvolle Nahrungsbrocken zu beseitigen. In der Tat kommt *aunting-to-death* vor, bei dem eine ›böse Tante‹ sich das Baby eines anderen Clans schnappt und trotz erbärmlichen Geschreis nicht wieder hergibt – bis es nach ein paar Tagen stirbt. Babysitting ist daher auf enge Verwandte wie ältere Schwestern und Großmütter beschränkt, deren genetisches Interesse mit Neulingen überlappt und die ihnen deshalb nichts Schlechtes wollen.

Jenseits dieser Dichotomie existieren auch innerhalb einer Spezies mannigfache Stile des Bemutterns. So misshandelt jede zehnte Mutter ihr Kind, ob bei Rhesus- oder Schweinsaffen, Japanmakaken oder Rußmangaben – schleppt es am Schwanz oder den Beinen herum, drückt es auf den Boden, wirft es von sich, schlägt, beißt, tritt oder setzt sich auf das jammernde Bündel. Die Brutalität scheint erlernt, was in Gefangenschaft durchgeführte Experimente mit vertauschten Kindern zeigen. Denn von gewalttätigen Weibchen geborene und aufgezogene Säuglinge wie auch jene, die von liebevollen Müttern in die Welt gesetzt wurden, aber bei Misshandlerinnen aufwachsen, werden meist selbst brutal. Umgekehrt entwickeln sich Babys, die

Fürsorglich, laissez-faire, restriktiv, misshandelnd. Affenmütter haben unterschiedlichste Erziehungsstile (Illustration von 1843).

bei fürsorglichen Müttern aufwachsen, ob von diesen oder von Misshandlerinnen geboren, selbst fürsorglich. Selbst gemachte Erfahrungen nachzuahmen, ob gut oder schlecht, entbehrt nicht einer gewissen Logik. Denn wer bis ins Erwachsenenalter überlebt, kopiert bei den eigenen Nachkömmlingen am besten das Muster der eigenen Erziehung, weil das die am wenigsten unsichere Methode der Kinderaufzucht darstellt.

Während Kindesmisshandlung extrem ist, werden generelle Stile der Bemutterung ebenfalls auf Töchter vererbt – nämlich kümmerndes Umsorgen einerseits und zurückweisende Distanzierung andererseits. Eine ablehnende Mutter initiiert weniger Kontakte mit ihrem Kind und verweigert oft Zugang zur Brustwarze. Sprösslinge nehmen das jedoch nicht passiv hin, sondern bemühen sich verstärkt aktiv um Kontakt zur Mutter. Sie interagieren zudem häufiger mit anderen Gefährten und erkunden ihre Umgebung recht früh. Während extreme Entbehrung sich dauerhaft negativ auswirkt, kann es durchaus nützlich sein, in gemäßigtem Rahmen Stressoren zu bewältigen. Beschützende Mütter lehren Säuglinge hingegen, dass die Welt gefährlich ist. Sie verstärken bei wahrgenommenen Risiken den Kontakt, kraulen und pflegen die Kleinen und unterbinden ein Entfernen. Dergestalt protektiv benehmen sich vor allem rangniedere Mütter und solche, die ihr letztes Kind verloren haben. Überbehütete Säuglinge reagieren deutlich vorsichtiger auf Neuartiges und kundschaften die Welt relativ spät eigenständig aus. Erwachsen werden sie trotzdem.

Dass die Evolution keinen optimalen Umgang mit Kindern hervorbrachte, sondern auf Variation setzt, ist zu erwarten. Denn Umweltbedingungen wechseln, weshalb es mal vorteilhaft ist, sein Kind abzuhärten, ein andermal, es zu betüddeln. Hätten überdies alle die gleichen Persönlichkeiten, würde das die Konkurrenz extrem verschärfen. Das Zusammenleben ist stabiler, wenn manche Affen zurückhaltend und vorsichtig sind, andere hingegen extrovertiert und draufgängerisch. Wegen dieser diversen Konstituenten gleichen Gruppen komplexen Ökosystemen.

Ein Spezialfall der Fortpflanzung findet sich bei den zu den südamerikanischen Krallenaffen zählenden Arten. Diese Gnome des Urwalds vermehren sich ähnlich wie soziale Insekten, Florida-Buschhäher, Wildhunde oder Erdmännchen durch kooperative Brutpflege. Hier pflanzt sich allein das dominante Weibchen einer Gruppe fort, während Väter und ältere Kinder die Hauptlast der Aufzucht übernehmen. Sie transportieren, schützen und kraulen die Jüngsten und besorgen Leckerbissen, während die Matriarchin sich auf das Stillen beschränkt. Die Arbeitsteilung ist nötig, weil das Alphaweibchen Zwillinge gebiert, zuweilen sogar Drillinge. Ein neugeborener Braunrückentamarin etwa wiegt 34 Gramm und seine Mutter 350 Gramm – weshalb Zwillinge sich auf ein Fünftel des mütterlichen Gewichts addieren. Hochgerechnet auf eine deutsche Durchschnittsfrau von 72 Kilogramm würde deren Neugeborenes unfassbare 14 Kilogramm wiegen.

Erschwerend kommt hinzu, dass Krallenaffen eine post partum Amenorrhö fehlt, die mit Stillen verknüpfte unfruchtbare Zeit, während deren weder ein Eisprung stattfindet noch die Monatsblutung (deshalb *a-meno-rhoe*, ›ohne Monats-Fluss‹). Vielmehr werden Weibchen bald nach der Geburt erneut schwanger. Zwillinge im Bauch zu tragen und ein weiteres Paar zu stillen, ist ohne Unterstützung der gesamten Familie schlicht nicht möglich.

Manche Krallenäffinnen, zumindest bei Braunrückentamarinen und Gelbkopf-Büschelaffen, leben mit zwei Männchen zusammen. Sie verpaaren sich mit beiden. Da die Zwillinge zweieiig sind, liegt dann möglicherweise gemischte Vaterschaft vor – ähnlich wie bei Katzenwürfen. Doch selbst wenn nur ein

Lateinamerikanische Krallenäffinnen bringen in der Regel Zwillinge zur Welt – weshalb Väter die Aufzucht großteils übernehmen (Illustration von 1856).

Männchen beide Zwillinge zeugte, ist eine fünfzigprozentige Irrtumswahrscheinlichkeit besser, statt zu riskieren, dass das eigene Kind wegen unterlassener Hilfeleistung stirbt – weshalb beide Partner bei der Aufzucht assistieren.

Überdies können beide Männchen der Vater *beider* Kinder sein! Was nach Hexerei klingt, beruht auf Keimbahn-Chimärismus. Da die zweieiigen Zwillinge in einer verschmolzenen Plazenta ausgetragen werden, wird Gewebe von Körper- und Keimzellen ausgetauscht. Das genetische Mosaik ist genial, weil beide Paarungspartner des Weibchens Grund haben, sich um jeden Zwilling gleich aufopfernd zu bemühen – sind sie doch jeweils Teil-Väter.

Die Matriarchinnen der Krallenaffen meistern so ein generelles Problem, mit dem sich weibliche Säugetiere herumschlagen. Denn während männliche Fortpflanzung durch Zugang zu Paarungspartnerinnen limitiert ist – je mehr Sex, umso mehr Kinder –, müssen Weibchen, um sich zu vermehren, energiezehrenden Einsatz in Form von Zyklen, Schwangerschaft, Stillen, Herumtragen und Beschützen leisten. Väter sind aber umso bereiter, sich an der Aufzucht zu beteiligen, wenn das die Sterblichkeit ihres Nachwuchses senkt.

Damit sie das auch tun, spielen Weibchen einen Trumpf aus. Denn es ist unwichtig, ob ein Sexpartner tatsächlich der Kindsvater ist – wichtig ist lediglich, dass er es glaubt und ihr deshalb zur Hand geht. Für Weibchen kann es darum lohnend sein, sich mit mehreren Männchen in kurzer Folge zu verpaaren, am besten allerdings so, dass der eine nicht sieht, was sie mit dem anderen treibt. Das gilt auch und gerade für einehige Beziehungen, weil nur allzu häufig die soziale Monogamie wegen weiblicher

Seitensprünge keine genetische Monogamie ist. Das grundsätzliche männliche Dilemma wird eben nicht umsonst umschrieben mit *pater semper incertus est*: Der Vater ist immer ungewiss.

Durch promisken Sex können Weibchen also zusätzliche Ressourcen akquirieren. Wichtiger noch als konkretes Investment tatsächlicher oder vermeintlicher Väter ist jedoch, dass die Männchen eines nicht tun: das Neugeborene angreifen! Damit nähern wir uns einem der grausamsten Aspekte des Affenlebens: dem Infantizid, der Kindestötung.

Prinzipiell stehen Weibchen vor einer schwierigen Entscheidung. Verpaaren sie sich nur mit einem Männchen, erhöht sich dessen Vaterschaftssicherheit und somit die Neigung, in das Neugeborene zu investieren. Zugleich steigt aber die Bereitschaft aller Nicht-Väter, den Sprössling umzubringen. Denn weil während der Stillzeit das Hormon Prolaktin den Eisprung hemmt, können Männchen sich rascher mit der Mutter fortpflanzen, wenn sie deren temporäre Sterilität beenden, indem sie das Baby beseitigen.

Das Weibchen kann das Tötungsrisiko zwar senken, indem sie Sex mit mehreren Partnern hat und die Vaterschaft verwirrt. Doch in strikt monoandrischen Systemen (Monogamie, Polygynie) ist das kaum möglich, weil das residierende Männchen den Zugang zu ›seinen‹ Weibchen oft sehr effektiv monopolisiert. Wird der Resident vertrieben, sieht es darum düster aus für dessen Nachwuchs.

Dass dem so ist, erlebte ich erstmals am 9. Juni 1982 in Indien. Bereits seit sieben Monaten war ich tagtäglich Languren gefolgt, die die Savanne um die Stadt Jodhpur bevölkern. Der Haremshalter einer Gruppe am Kailana-See war vor Kurzem von einem Konkurrenten verjagt worden. Es schockte mich nicht wenig, als der Neue aus heiterem Himmel über den 33 Tage alten Jungen Elfdrei herfiel – so benannt, weil er das dritte Baby von Weibchen Elf war. Der neue Mann entriss den Säugling seiner Mutter, punktierte mittels langer Eckzähne die Wirbelsäule und nahm Reißaus, als andere Weibchen ihn angriffen. Stark blutend und wimmernd klammerte sich Elfdrei mit seinen Ärmchen am Bauch der Mutter fest, während die offenbar gelähmten Beine schlaff nach unten hingen. Am Abend des nächsten Tages war er tot. Am 13. Juni wurde der 92 Tage alte Junge Einsvier ein weiteres Opfer; ihm biss der neue Haremshalter ins Gesicht. Er starb fünf Tage später. In den folgenden Monaten wurde ich Zeuge weiterer Angriffe und Tötungen im Anschluss an die Wechsel von Haremshaltern.

Die ruchlosen Taten zahlten sich aus. Denn kurz nach Verlust ihrer Säuglinge setzte bei den Weibchen der Zyklus erneut ein. Als wäre nichts gewesen, kopulierten sie nach lediglich 11 bis 17 Tagen mit dem Killer ihrer Kinder. Haremshalter halten sich im Durchschnitt nur 2,6 Jahre an der Macht, ein enges Zeitfenster für die eigene Vermehrung. Indem sie vom Vorgänger gezeugten Nachwuchs umbringen und so die Stillzeit der Mütter abkürzen, gewinnen sie wertvolle Zeit – eine grausame Arithmetik der Gene.

Noch immer halte ich den traurigen Rekord, die meisten Kindestötungen unter Affen miterlebt und dokumentiert zu haben. Dabei geschahen die Infantizide seinerzeit völlig überraschend für mich. Meine akademische Schule war nämlich die der klassischen Verhaltensforschung, mit ihrer Maxime der Arterhaltung. Deren Gründungsväter Konrad Lorenz, Nikolaas

Unbeschwerte Kindheit? Durchaus nicht immer, weil Kindestötung weitverbreitet ist. (Gabriel von Max, nach 1900).

Tinbergen und Karl Ritter von Frisch behaupteten, Individuen würden dem übergeordneten Ziel des Gemeinwohls zuarbeiten – während allein Menschen Artgenossen umbrächten, da Zivilisation und Kultur sie pervertiert hätten. Kindestötung galt somit als Pathologie, als krankhaft.

Doch warum sollte ein Affe Säuglinge töten, wenn es um den Erhalt der Art geht? Meine Beobachtungen stützten so die aufstrebende Soziobiologie mit ihrem Interpretationsmuster des Gen-Egoismus.

Zwar avancierten Langurenmännchen zu den bösen Buben per se, doch wurden ähnliche, von Männchen verübte Kindestötungen alsbald bei etlichen anderen Arten dokumentiert – von Lemuren (Kattas, Diademsifakas) über Neuweltaffen (Kapuzineraffen, Rote, Schwarze und Braune Brüllaffen) bis zu Backentaschenaffen (Meerkatzen, Makaken, Paviane) und anderen Schlank- und Stummelaffen (Weißbartlanguren, Guerezas, Rote Stummelaffen). Und auch bei Nicht-Primaten wie Löwen, Pferden oder Bären fand sich dasselbe Muster.

Von Männchen verübter Infantizid ist aber nicht die einzige Form der Kindestötung, was das Klischee von aggressiver Männlichkeit und friedliebender Weiblichkeit entkräftet. Denn Weibchen töten ebenfalls Babys, und noch dazu verspeisen sie die Opfer zuweilen.

Wir erinnern uns an die kooperative Brutpflege der Krallenaffen, bei dem eine dominante Matriarchin sich fortpflanzt und Untergebene als Babysitter rekrutiert. Ältere Nachkommen finden es mies, sich als Helfer verdingen zu müssen, obwohl sie bereits selbst geschlechtsreif sind. Töchter mucken deshalb gelegentlich auf, verpaaren sich ebenfalls und bringen eigene Babys zur Welt. Nun kommt es zu einem tödlichen Tauziehen. Zuweilen bringt die Matriarchin die Kinder der aufmüpfigen Tochter um – also die eigenen Enkel –, doch manchmal entthront die revoltierende Tochter ihre Mutter, indem sie ihre jüngeren Geschwister umbringt. Denn für zwei Mütter reicht die Zahl der Nannys schlicht nicht aus. Doch nicht nur das: Manchmal verspeisen die Killer ihre Opfer – was nur logisch ist, denn Fleisch ist nahrhaft und schwer aufzutreiben. Besonders bizarr, aber durchaus erwartbar ist eine Beobachtung bei

Kaiserschnurrbarttamarinen. Hier kannibalisierte eine Mutter ihr eigenes Baby, offenbar, weil Helfer fehlten und es ohnehin keine Überlebenschance gehabt hätte.

Kindestötungen lehren, dass natürliches Verhalten nicht automatisch ethisch gutzuheißen ist. Denn Affen führen uns ein breites Spektrum von Natürlichkeiten vor Augen – Infantizid und Kannibalismus, Einehe und Vielehe oder Masturbation und homosexuellen Sex. Davon mag uns manches ethisch unbedenklich oder wünschenswert erscheinen, anderes verwerflich, je nach Zeitgeist und kulturellem Hintergrund. Eine zeitgemäße Ethik tut jedenfalls gut daran, Information zu verarbeiten, die Wissenschaften wie die Affenforschung liefern.

Zumindest digitale Unsterblichkeit: das berühmte Selfie des indonesischen Schopfmakaken Naruto (2011).

Abschied. Altern und Sterben

Im Regenwald Nordostbrasiliens beobachtete ein Forschungsteam Weißbüscheläffchen, als das dominante Weibchen plötzlich abstürzte und schwer verletzt liegen blieb. Es dauerte 153 Minuten, bis sie starb. Während ihres Todeskampfes zeigte das dominante Männchen, seit dreieinhalb Jahren ihr Partner, erstaunliche Reaktionen. Die beiden Säuglinge, die er gerade trug, deponierte er im Geäst und stieg zu dem Weibchen hinab, das handlungsunfähig am Boden lag. Er umarmte und beroch sie, blieb neben ihr sitzen, schaute sichtbar besorgt um sich, äußerte Alarmrufe, versuchte Sex zu initiieren und scheuchte neugierige Jugendliche weg. Nachdem das Weibchen ihr Leben ausgehaucht hatte, kletterte das Männchen nach oben und observierte den Leichnam für weitere 20 Minuten. Schließlich sammelte er die Säuglinge auf und verschwand im Grünen.

Der Primatologie sind solch tragische Episoden Anlass für spannende Erwägungen: Wie und wann sterben Affen? Wie gebärden sich Artgenossen angesichts verstorbener Gefährten? Realisieren sie, dass lebende Körper und Leichname verschieden sind – und der Tod endgültig?

Kaltherzige Statistik vorweg: Die maximale Existenzspanne von Affen wird von der basalen biologischen Gleichung diktiert, dass große Tiere länger leben als kleine. Letztere müssen hochtourigen Stoffwechsel fahren, um ihre Körpertemperatur aufrechtzuerhalten – was oxidativen Stress bedeutet, der sich langfristig letal manifestiert. So segnen leichtgewichtige Marmosetten oder Koboldmakis nach höchstens 10 bis 12 Jahren das Zeitliche, während mittelschwere Makaken oder Kapuzineraffen um die 25 Jahre erreichen und stämmige Paviane oder Languren 30 bis 40 Jahre. Rekordverdächtig ist Bueno, ein Rotgesichtklammeraffe, der im Japan Monkey Center in Aichi gehalten wurde und 2005 mit 53 Jahren die Augen schloss. Menschenaffen können sogar noch länger leben – eine Schimpansin brachte es auf ein Dreivierteljahrhundert.

Hinsichtlich Lebensspannen fällt ein Unterschied ins Auge: Männchen entschlafen früher als Weibchen. Das wissen wir von uns selbst – schließlich leben deutsche Frauen im Mittel sechs Prozent oder 4,7 Jahre länger als Männer. Wenn wir wilde Affen zählen, gibt es unterm Strich ebenfalls stets Weibchenüberschuss. Zwar werden ungefähr gleich viele Buben wie Mädchen geboren, doch wird etwa bei indischen Langurenaffen nur jedes vierte Männchen erwachsen – was sich in einem Verhältnis von 1:4 zwischen Männchen und Weibchen manifestiert.

Auf der Strecke bleiben viele Inkarnationen des starken Geschlechts, weil sie in Kämpfen um die Gunst der Weibchen verletzt wurden. Die Reihen dünnen zudem aus, weil Männchen mehr Risiken eingehen müssen, um eine Chance auf Fortpflanzung zu haben, inklusive ausgedehnter Streifzüge durch unbekanntes Gebiet, wo allerlei Gefahr lauert und Schmalhans Küchenmeister ist.

Jener Kraftstoff, der Männer an- und in den Untergang treibt, sind Keimdrüsenhormone, beständig von den Hoden ins Blut abgegeben. Testosteron verleitet Männchen nicht nur zu Waghalsigkeit, sondern forciert zudem Alterung, weil es den Körper regelrecht aufheizt. Der Stoffwechsel beschleunigt sich, und zudem unterdrücken Androgene die Immunabwehr. Schließlich wäre es dumm, sich krankzumelden und deswegen die Chance auf Fortpflanzung zu verpassen. Das rächt sich anschließend, wenn das körpereigene Abwehrsystem dermaßen geschwächt ist, dass Männchen der Infektionen nicht mehr Herr werden können. Entsprechend lässt sich die Lebenserwartung durch Kastration deutlich erhöhen – weshalb etwa entmannte Hauskater länger auf Erden verweilen. Körperfreundlicher allerdings ist es, den Motor abzustellen, wenn Weibchen klimabedingt nicht fruchtbar sind. Tatsächlich schrumpfen dann am Ende der Paarungssaison die Hoden – bei Totenkopfäffchen ebenso wie bei Kapuzineraffen und einigen Lemuren.

Weil der Sinn ihres Lebens darin besteht, auf Kosten von Geschlechtsgenossen Weibchen zu monopolisieren, sind alte Affenmänner in der Wildnis ausgesprochen rar. Sobald sie keinen Stich mehr haben, werden sie fragil, schwächeln und verbleichen beizeiten an mildesten Malaisen. Da die Auslese nur auf Lebensphasen einwirken kann, in denen Chancen auf Fortpflanzung bestehen, hatte die Selektion keine Möglichkeit, den alten Herren Reparaturmechanismen anzuzüchten.

Für Weibchen sieht die Rechnung prinzipiell anders aus. Selbst wenn ihre Physiologie altert und ihr Sexualzyklus aussetzt, engagieren sie sich oft als Omas – und helfen ihren Genen indirekt weiter. Genau das konnte ich bei indischen Languren dokumentieren. In einer Gruppe lebten zwei Weibchen mit krummem Rücken, abgekauten Zähnen, halbblinden Augen und schlechtem Gehör, deren Mensis bereits vor Jahren ausgesetzt hatte. Trotzdem vermochten die beiden enorme Reserven zu mobilisieren. Bei Zwisten mit Nachbarn waren sie die mutigsten Verteidigerinnen, und trotz getrübter Sinne schlugen sie oft als Erste Alarm. Schrie irgendwo ein Enkelkind, rannten die beiden los und nahmen die jüngsten Verwandten in Schutz – oder hielten sie am Schwanz ziehend von gefährlichen Klettertouren ab. Zwar war ihre direkte reproduktive Karriere abgeschlossen. Doch wenn sie im postreproduktiven Alter Kinder oder Enkel unterstützen, die die Hälfte beziehungsweise ein Viertel ihrer eigenen Gene transportieren, arbeiten sie auf ihre genetische Unsterblichkeit hin.

Wer jenseits geschlechtlicher Vorgaben den eigenen Exitus verzögern möchte, tut zunächst gut daran, gesund zu bleiben. Dazu setzen Affen auf Selbstmedikation, eine Technik, die die Disziplin der Zoopharmakognosie erforscht und deren Name sich von den altgriechischen Begriffen *zoo* für Tier, *pharmakon* für Heilmittel und *gnosis* für Wissen herleitet. Viele Affen nehmen Pflanzen zu sich, die Menschen der Region gleichfalls gegen Krankheiten einsetzen – so in Brasilien, wo jede vierte Nahrungspflanze der Südlichen Spinnenaffen auch humanmedizinisch geschätzt wird. Die Anubis- und Mantelpaviane Äthiopiens wiederum essen Wüstendatteln, deren Früchte Diosgenin enthalten, eine Hormonvorstufe, die parasitäre Pärchenegel abtötet, Verursacher von Bilharziose.

Besonders gut bestückt ist die Apotheke der Kapuzineraffen Südamerikas. Sie applizieren allerlei Mixturen, um Ektoparasiten wie Zecken und Moskitos zu vertreiben. Dazu zerbeißen oder zerdrücken sie Zitrusfrüchte oder Tausendfüßler und massieren den Brei, der Alkohol und Chinone enthält, mit Fingern oder Zehen ins Haar. Die Affen sammeln zudem Ross-

Farbenprächtig kommt der Mandrill einher – aber nur, wenn bei guter Gesundheit (Franz Marc, 1913).

ameisen auf, um dann in ihre Hände zu pinkeln und das Insekten-Urin-Gemisch im Fell zu verteilen.

Derlei Prophylaxe hilft allerdings nicht gegen eine Todesart, die für Affen geradezu absurd erscheint. Gleichwohl sagt bereits ein japanisches Sprichwort: »Auch ein Affe fällt mal vom Baum.« Skelette in Museen weisen oft verheilte Brüche auf, Zeugnisse glimpflichen Ausgangs. Dass Stürze tödlich enden, erlebte ich in meinen Jahren ›unter‹ Affen etwa ein halbes Dutzend Mal – wenn mir Kleinkinder vor die Füße fielen, die sich nicht fest genug im Fell ihrer Mütter festklammerten, oder springende Erwachsene, die auf einem morschen Ast gelandet waren. Darum wählen Affen beim Durchwandern der

Baumwipfel oft besonders hohe Übergänge, was die Chance verbessert, bei einem Absturz noch rettende Zweige packen zu können.

Massenhaft erwischt es Affen, wenn Bäume durch Stürme oder unterspülenden Regen umstürzen. In Südostthailand fiel ein haushoher Baum, den Langschwanzmakaken als Schlafquartier nutzten, auf das Gelände einer Schule; über 50 von ihnen kamen durch den Aufprall um oder wurden von Geäst erschlagen. Urbanere Gefahren drohen, wenn Affen als Kulturfolger Dörfer und Städte bevölkern: Sie sterben bei Autounfällen, fallen in Brunnen oder werden durch Stromschläge exekutiert, wenn sie auf Hochspannungsmasten klettern.

Epidemien wiederum können ganze Bevölkerungen bedrohen – so im Südosten Brasiliens, wo Gelbfieber Tausende von Brüll-, Spring- und Krallenaffen hinwegraffte. Die zu den Letzteren zählenden Löwenäffchen sind noch am besten dran, weil sie sich, klein wie sie sind, in futterbestückten Fallen fangen lassen, aufgestellt von Organisatoren einer Impfaktion.

Permanente Affensorge ist es auch, im Magen eines Raubtiers zu landen. Diese Furcht hat Warnsysteme herausgebildet – etwa bei den Grünen Meerkatzen Kenias, die spezifische Alarmrufe ausstoßen, je nachdem, ob ein Adler, Leopard oder eine Python gesichtet wurde. Grundsätzlich sind kleinere Tiere gefährdeter. So töten Eulen in Madagaskar jährlich bis zu ein Viertel des Mausmaki-Bestandes. Gleichwohl können auch Bevölkerungen größerer Affen substanziell dezimiert werden, und zwar von Menschenaffen. So werden im Gombe-Nationalpark in Tansania in manchen Jahren 18 Prozent der Roten Stummelaffen von Schimpansen gefangen und verzehrt.

Flächendeckend allerdings rottet allein ein Menschenaffe aus: Homo sapiens. Trotz zahlreicher Verbote sind Kochtöpfe in Afrika, Südamerika und Asien weiterhin bestückt mit Affenfleisch – obgleich zunehmend seltener, weil Jagdbeute wegen zunehmender Dezimierung sich dem Ende zuneigt.

Menschliche Grausamkeit kann Affen sogar dazu treiben, ihr Leben selbst zu beenden. So schlagen in Labors eingesperrte Rhesusaffen ihren Kopf gegen Scheiben und Gitterstäbe, bis sie sterben. Das tun auch die winzigen Koboldmakis, deren dünner Schädel wie Glas zebricht, wenn sie ihn, gestresst durch Lärm oder Fotoblitze, gegen Käfigwände hämmern. Ob derlei Selbstdestruktion gleichzusetzen ist mit Suizid, wird von Philosophen wie Verhaltensforschern ernsthaft diskutiert. Denn nur eine Kreatur, die sich ihrer selbst bewusst ist und abwägen kann, dass der Tod einem verzweifelten Leben vorzuziehen ist, vermag kalkulierten Freitod herbeizuführen.

Ähnliche Fragen drängen sich auf hinsichtlich des Umgangs mit toten Kumpanen – ein neues Wissenschaftsfeld, das sich *animal thanatology* nennt, tierbezogene Sterbeforschung.

Gegenüber Leichnamen gibt es keine Standardreaktionen. Affen kraulen ihre Toten, zerren am Körper oder hauen auf ihn ein, sie äußern Angst- und Alarmlaute, und zuweilen werden Verstorbene kannibalisiert. Oft verweilen Hinterbliebene in einer Art Wache länger in der Nähe der Toten, kehren wiederholt zurück oder meiden, genau umgekehrt, den Ort des Geschehens. Die Praktiken haben sicher unterschiedliche Bedeutung. Sie könnten Versuche sein, den Leichnam zu erwecken, oder Angriffe, weil sich ein Artgenosse hartnäckig weigert, angemessen zu reagieren. Es könnte auch darum gehen, sich zu ver-

Tödliche Pariser Mode. Mantel aus dem Fell des (nomen est omen) Mantelaffen (Foto um 1900).

gewissern, dass ein Gefährte tatsächlich tot ist und sich nicht mehr erholen wird.

Sicherlich ist es für Hinterbliebene nützlich, zwischen Lebenden und Toten unterscheiden zu können, nicht zuletzt, weil ein Leichnam Gefahren im Umfeld signalisieren mag und der Verlust eines Gruppenmitglieds soziale Anpassungen erfordert. Um das Fleisch nutzen zu können, muss ein vormaliger Intimus überdies als Nahrungsquelle konzipiert werden.

Jedenfalls wird auf den Tod von Gefährten oft deutlich reagiert. Als bei einem Trio in Gefangenschaft lebender Pottos, die zu den Loris zählen, ein verstorbenes Männchen aus dem Käfig entfernt wurde, suchte das überlebende Paar dessen üblichen Schlafplatz auf und ließ vom angebotenen Futter etwas übrig – vielleicht für den nun Abwesenden? Die Fürsorge hielt sogar an, als die Portionsgröße reduziert wurde. Japanmakaken und Brüllaffen harren bis zu fünf Tage lang nahe bei einem Toten aus. Derlei Totenwachen halten vor allem junge und plötzlich verwaiste Primaten oder nähere Verwandte. Als beispielsweise ein männlicher Steppenpavian durch Schlangenbiss verstarb, verließen die mütterlichen Clanmitglieder als Letzte den Leichnam.

Bizarr wirken die Reaktionen mancher Mütter, die ihre toten Säuglinge mit sich herumtragen, für kurze Zeit, aber auch bis zu 10 Tage oder länger. Der Kadaver wird gekrault und Fliegen werden verscheucht, während er langsam mumifiziert. Es scheint, als würden die Äffinnen einfach nicht begreifen, dass ihr Kind tot ist. Vielleicht jedoch sind sie einfach nur unsicher oder vorsichtig? Denn zuweilen eine Leiche herumzutragen ist sicher weniger kostspielig, als einen Säugling aufzugeben, der lediglich vorübergehend nicht ansprechbar ist. Für diese Erklärung spricht, dass vor allem junge, weniger erfahrene Mütter ihre toten Säuglinge weiter hüten. Darüber hinaus kommt postmortale Betreuung nach traumatischen Toden, Kindstötung oder Unfall weniger häufig vor, als wenn ein krankes Kind langsam verstarb und demgemäß ohne klares, auf Endgültigkeit hinweisendes Signal.

Manche Mütter, etwa bei Berberaffen, säugen an der eigenen Brust, nachdem sie ihr Kind verloren haben. Das suggeriert eine weitere Erklärung für das Herumtragen toter Kinder – dass nämlich Hormone, die mütterliche Fürsorge fördern, weiterhin im Körper zirkulieren.

Andere Indizien legen nahe, dass Mütter die veränderten Umstände durchaus realisieren. So werden, wie bei Schwarzen Stumpfnasen oder Dscheladas dokumentiert, tote Kinder anders als lebende transportiert: im Mund, mit einer Hand oder sie werden über den Boden geschleift. Eine Kapuzineräffin kraulte zwar ihr Totgeborenes, tauchte es aber beim Trinken aus einem Fluss vollständig unter, ein lebender Säugling wäre dabei ertrunken. Interessanterweise versuchen Mütter auch nicht, ihre toten Kinder weiter zu säugen. Außerdem meiden andere Gruppenmitglieder sie, wenn der verwesende Kadaver zu stinken beginnt – wie bei Japanmakaken beobachtet.

Insgesamt erscheint es darum unwahrscheinlich, dass Mütter schlicht unfähig sind, lebendige und tote Babys auseinanderzuhalten. Als Leichenträger zu agieren könnte darum Trauerarbeit sein, um Gefühle in den Griff zu bekommen. Auch bei Menschen werden Frauen nach einer Totgeburt seltener depressiv, wenn sie ihr Baby noch eine Weile lang im Arm halten.

Wissen Affen, dass sie sterblich sind? (Gabriel von Max, um 1900).

Ähnlich brauchen Äffinnen möglicherweise Zeit, ihren Verlust zu verarbeiten. Der fortgesetzte Körperkontakt mit dem verstorbenen Säugling mag also als emotionaler Puffer fungieren, der Kummer lindert und hilft, den Verlust zu verarbeiten.

Gewiss ist Erfahrung nötig, um Leichname mit dem Stillstand von Funktionen zu assoziieren, was wir Menschen tun. Welche Konzepte Affen vom Ableben haben oder nicht, ist weiterhin umstritten. Wir werden vielleicht nie wissen, ob nichtmenschliche Primaten begreifen können, dass Tod universell ist und dass alle Tiere sterben müssen, auch sie selbst.

Eben diesem Thema widmet sich das um 1900 geschaffene Ölgemälde *Affe vor Skelett* des böhmischen Malers Gabriel von Max. Es zeigt einen Rhesusmakaken, der vor der Kulisse eines abgedunkelten Innenraums gedankenverloren ein museal aufgestelltes Affenskelett beäugt. Die Szene unterscheidet sich von früheren Kunstmotiven, die Affen als Teufel, Schelme oder Triebtäter darstellen – weil Gabriel von Max die Evolutionstheorie ernst nahm. Hier wird der Affe als Denker gezeigt, und damit als beunruhigender Doppelgänger des Menschen.

Portraits

Die nachfolgenden Vignetten wollen ausgewählte ›Außenseiter‹ portraitieren, also Formen mit überraschenden Eigenarten. Diese pädagogische Absicht scheitert allerdings schon im Ansatz – sind doch Primaten generell hinsichtlich Anatomie, Ökologie und Verhalten so verschieden, dass ›der Affe‹ nicht existiert. Und gravierende Unterschiede manifestieren sich nicht nur im Artvergleich. Vielmehr wissen wir mittlerweile, dass die jeweils einzelnen Individuen einer Spezies ›Persönlichkeiten‹ sind, mit oft sehr konträren Vorlieben, Ängsten und Gewohnheiten. Bezüglich uns Menschen ist das eine Binsenweisheit – die zur Weisheit wird, wenn wir uns als Teil eines evolutiven Kontinuums begreifen.

Nur in einer Hinsicht sind die Portraits vollständig. Denn alle fünf großen Äste am Stammbaum sind vertreten: Lemuren, Loriartige, Koboldmakis, Neu- und Altweltaffen. Bewusst ignoriert wurde ein dicker Abzweig der Altweltaffen: jener der Menschenaffen – damit auf ihre weniger prominenten Primatenverwandten entsprechend mehr Licht fällt. Wie sagte der russisch-US-amerikanische Zoologe Theodosius Dobzhansky so schön? »Nichts in der Biologie ergibt Sinn außer im Lichte der Evolution.« Und Affen sind extraordinäre Lichtgestalten.

Madame Berthes Mausmaki

Microcebus berthae

Berthe's Mouse Lemur
Microcèbe de Mme Berthe

Einer muss der Kleinste sein. Unter Primaten hält den Rekord ein Lemur – und zwar seit 1993. Damals fingen Jutta Schmid und Peter Kappeler vom Deutschen Primatenzentrum in Göttingen in Madagaskar 32 besonders kleine Vertreter der Gattung *Microcebus* in Lebendfallen. Ihr Format erlaubt es, sie per Kompaktbrief zu verschicken: Kopfrumpflänge 10 Zentimeter plus 14 Zentimeter Schwanz, bei nur 24 bis 38 Gramm Gewicht, einschließlich 2 Gramm (!) Gehirn. Die Neuentdeckung wurde zu Ehren von Berthe Rakotosamimanana benannt, einer von Studenten stets als Madame Berthe titulierten madagassischen Anthropologin. Die Winzlinge vertilgen als Allesfresser Gliederfüßer ebenso wie kleine Wirbeltiere, Baumsäfte, Früchte und Blüten. Zum Energiesparen fallen sie gegen Mitternacht in eine Starre, aus der erst die morgendliche Hitze sie wieder erweckt. Die Neubeschreibung erhöhte die Artenzahl der Mausmakis von zwei auf drei. Mit braunem Fell und riesigen Augen sehen die Knirpse alle ziemlich gleich aus – vielleicht Resultat ihres nachtaktiven Lebens. Allerdings entwickelten sie diverse Hörsysteme und Paarungsrufe. So förderten neuere Expeditionen und Genanalysen mittlerweile gut zwei Dutzend Spezies zutage. Dadurch stiegen weitere Experten zu Namenspaten und -patinnen auf – bezeugt durch Ganzhorn's Mausmaki (*M. ganzhorni*), Jolly-Mausmaki (*M. jollyae*) oder Mittermeier-Mausmaki (*M. mittermeieri*). Vielleicht sollte man selbst mal Fallen auslegen.

Fingertier

Daubentonia madagascariensis

Aye-Aye
Aye-Aye

Hübsch ist dieser Lemur von Madagaskars Ostküste nicht – erinnert er doch an eine Frankenstein'sche Kreuzung zwischen Eichhörnchen, Katze und Fledermaus. Um die 2 Kilogramm schwer und 90 Zentimeter lang, verschläft der größte nachtaktive Primat den Tag in Blattnestern. Seine ökologische Nische entspricht der, die anderswo Spechte ausfüllen, denn das Fingertier extrahiert Nahrung aus Ästen und Stämmen. Dazu klopft es – *nomen est omen* – mit dem auffallend dünnen und langen Mittelfinger rhythmisch auf Holz, um mittels exzellentem Gehör Hohlräume zu orten, in denen sich Maden verbergen. Ist es fündig geworden, wird ein Loch genagt, mittels vorwärts geneigter Schneidezähne, die wie bei Nagetieren stetig nachwachsen – unter Primaten ebenfalls einzigartig. Dann werden die Leckerbissen herausgefischt, entweder mit dem dünnen dritten oder dem dickeren (und längsten) vierten Finger, jeweils mit Hakennägeln bestückt. Das Fingertier wird auch Aye-Aye genannt, vielleicht eine Verballhornung des lokalen *heh-heh* für ›ich weiß nicht‹ – angeblich geäußert, um den Namen eines magischen Wesens nicht auszusprechen. Mancherorts wird ihm nachgesagt, es würde Menschen im Schlaf ermorden, indem es mit dem Mittelfinger deren Aorta durchsticht. Getötete Fingertiere werden darum manchmal im Freien aufgehängt, damit ihr böser Geist sich an Vorbeikommende heftet und fortgetragen wird. Kein Wunder, dass diese Wunder der Natur auszusterben drohen.

Zwerglori
Nycticebus pygmaeus

Pygmy slow loris
Loris paresseux pygmée

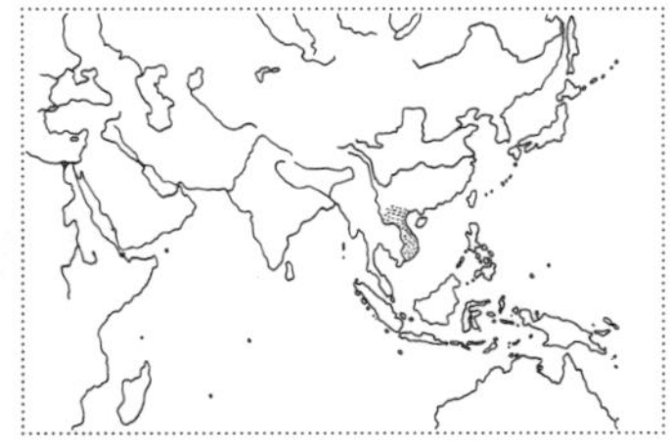

Ungleich anderen Affen springen Loris nicht, sondern klettern bedächtig oder verharren stundenlang, oft kopfunter. Für Blutversorgung während dieser Zeitlupe sorgt ein *Rete mirabile*, ein ›Wundernetz‹ fein geflochtener Arterien. Nähern sich kleine Tiere arglos diesen Ruhepolen, erbeutet sie ein rascher Klammergriff. Der Alternativ-Name Faulaffe stimmt mithin nicht – Laueraffe wäre treffender. Die stationäre Technik macht einen Schwanz als Gleichgewichtsorgan überflüssig, weshalb er zum Stummel reduziert wurde. Loris sind nachtaktiv und bevölkern Süd- und Südostasien. Als kleinster Vertreter wiegt der Zwerglori nur 450 Gramm und kommt östlich des Mekong in Vietnam, Laos und Kambodscha vor. Loris zählen zu jener Handvoll Säugetiere, die toxisch sind. Eine Drüse am Ellenbogen produziert ein Protein, das dem Katzenallergen ähnelt. Vermengt mit Speichel ist der Giftcocktail selbst für Menschen lebensgefährlich. Aber wozu? Während Mütter Nahrung suchen, parken sie ihre Babys im Geäst – und speicheln die Kleinen und sich selbst mit Spucke ein. Das schreckt Parasiten und Raubtiere ab. Wegen unschuldiger Kulleraugen, plüschigem Fell und ihrer Gemächlichkeit werden Loris als niedliche Heimtiere illegal verhökert – nachdem ihnen die gefährlichen Zähne grausam ausgebrochen wurden. Youtube-Videos der possierlich wirkenden Zwergloris werden millionenfach gelikt, ein Internet-Hype, der ihre Ausrottung beschleunigt.

Philippinen-Koboldmaki

Carlito syrichta

Philippine tarsier

Tarsier des Philippines

Ein um 180 Grad drehbarer Kopf mit Segelohren und gigantischen Augen auf faustgroßem Körper mit rattenähnlichem Schwanz: für Laien sehen alle Koboldmakis gleich seltsam aus, als hätten sie Pate gestanden für Baby Yoda. Unter Experten vergeht hingegen kein Jahr, in dem sie nicht die Klassifikation dieser südostasiatischen Primaten hinterfragen. Die Hüpfer im Süden der Philippinen heißen mittlerweile *Carlito syrichta.* Die Gattung ehrt Carlito Pizarras, der auf der Insel Bohol ein Schutzgebiet betreut. Verglichen mit anderen Koboldmakis sind diese Insulaner ziemlich groß und wiegen bis zu 150 Gramm. Die Dimensionen sind für Affen gleichwohl bescheiden und beschränkt auf eine Kopfrumpflänge von 13 Zentimetern plus doppelt so langem Schwanz. Das Anhängsel ist bis auf den behaarten Zipfel kahl, ebenso wie die Fußwurzeln. Das unterscheidet die Spezies schon dem Augenschein nach von anderen. Hinzu kommen unsichtbare genetische und für uns unhörbare akustische Besonderheiten beim Kommunizieren durch Ultraschall mit einer dominanten Frequenz von 70 Kilohertz. Doch auch auf den Philippinen verschmähen die Koboldmakis alles Vegetarische und verzehren – einzigartig unter Primaten – ausschließlich Animalisches, vor allem Insekten wie Grashüpfer plus Spinnen, kleine Echsen und Vögel. Einmal geschnappt, wird die Beute beidhändig zum Mund geführt und sogleich sicherheitshalber einen Kopf kürzer gemacht.

Kaiserschnurrbarttamarin
Saguinus imperator

Emperor tamarin
Tamarin empereur

Der Schweizer Naturforscher Emil Göldi beschrieb 1907 einen im Dreieck Peru-Bolivien-Brasilien baumlebenden Gnom – 25 Zentimeter lang plus 40 Zentimeter Schwanz und 500 Gramm Gewicht – als Spezies *imperator.* Auffälligstes Merkmal sind zwei lange weiße Haarstränge, die von der Oberlippe auf die Brust hängen und nach unten zeigen. Tierpräparatoren drehten den Schnäuzer allerdings oft nach oben – spaßeshalber. Denn einerseits trug der junge Göldi seinen Bart aufwärts gezwirbelt, andererseits spielte *imperator* auf den deutschen Kaiser Wilhelm II. an. Frühe Zeichnungen der Neuweltaffen bilden darum den Schnäuzer als wilhelminisch himmelwärts strebend ab. Obwohl das Assoziationen an das gute alte Patriarchat weckt, sind Tamarin-Männchen überaus modern. Denn wie bei allen Krallenaffen beschränken sich Weibchen – die übrigens keinen Damen-, sondern ebenfalls Schnurrbart tragen – auf das Stillen der Babys, während Männchen sie herumtragen, beschützen und sauber halten. Weibchen manipulieren die Möchtegernkaiser in diese Rolle. Zum einen gebären sie gewöhnlich Zwillinge, und es wäre energetisch unmöglich, das Doppelpack komplett selbst zu versorgen – die Kleinen würden sterben. Zum anderen verpaaren sie sich mit mehreren Partnern. Deshalb denkt jeder, er könnte der Kindsvater sein – und schickt sich in die Aufgabe des Sorgetragenden.

Rotgesichtklammeraffe
Ateles paniscus

Red-faced spider monkey
Singe-araignée commun

Cartoonzeichner hängen Affen oft Greifschwänze an – doch ist das Merkmal realiter auf wenige südamerikanische Arten beschränkt. Besonders gut ausgeprägt ist diese fünfte Extremität bei Klammeraffen, wo sie das volle Körpergewicht halten kann. Der letzte Teil des Schwanzes ist unterseits zudem mit einer haarlosen Leistenhaut ausgestattet, was rutschfesten Griff und Tastempfindlichkeit ähnlich einer Fingerspitze ermöglicht. Die Kombination von langen Armen und Beinen, beweglichen Schultern, fehlenden Daumen plus Greifschwanz erlaubt schwingend-hangelnde Fortbewegung. Gespreizt ähnelt der Körper einer Spinne, worauf der englische Name *spider monkey* anspielt. Die Gattung bevölkert Regenwälder zwischen Mexiko und Brasilien, wobei der Rotgesichtklammeraffe auf das nordöstliche Südamerika beschränkt und mit 11 Kilogramm einer der schwereren Vertreter ist. Die Geschlechter auseinanderzuhalten ist nicht einfach, da die Weibchen eine enorme Klitoris besitzen, die frei hängt, erektionsfähig ist und größer als ein schlaffer Penis. Im Inneren befindet sich eine Harnröhre, weshalb das Anhängsel als Pseudo-Penis gilt. Wer sicher sein will, kein Weibchen vor sich zu haben, muss deshalb zusätzlich einen Hodensack identifizieren. Die Funktion des Pseudo-Penis ist unklar. Jedenfalls berühren und beriechen Männchen die Klitoris – und erkunden so vielleicht den weiblichen Fruchtbarkeitsstatus.

Guereza
Colobus guereza

Black-and-white colobus
Colobe guéréza

Im nigerianischen Gashaka-Wald joggte eine frisch eingetroffene Volontärin unseres Primatenprojektes einmal munter los, um fit zu bleiben. Doch rasch eilte sie ins Camp zurück, verängstigt durch lautes Knurren von Leoparden rechts und links des Pfades. Wir hatten gut lachen, wussten wir doch, dass die Kakofonie das territoriale Röhren männlicher Guerezas war. Der Gattungsname *Colobus* beziehungsweise Stummelaffe leitete sich von griechisch *kolobus* für ›verstümmelt‹ ab, ist doch der Daumen rückgebildet, was behändigeres Klettern ermöglicht. Die weit über Äquatorialafrika verbreiteten Affen sind in schwarzes Fell gehüllt, seitlich jedoch mit langen weißen Fransen – bekannt als Mantel – und einem dicken weißen Schwanzbüschel. Säuglinge werden mit rosa Haut und zunächst gänzlich weiß geboren, um zu zweifarbigen Weibchen von 8 Kilogramm oder Männchen von 14 Kilogramm heranzuwachsen. Die seidige Mähne dient in den Ursprungsländern als ritueller Körperschmuck und ist eine der wenigen Affenbehaarungen, die in der westlichen Pelzverarbeitung eine Rolle spielte. Als ›mittelfein‹ klassifiziert, wurden bis in die 1920er-Jahre mehrere Millionen Felle exportiert und zu Wandteppichen, Capes und Muffs verarbeitet, verbrämten Jacken und Mänteln oder zierten in mehrlagigen Fransen Charleston-Kostüme. Einst fast ausgerottet, sind die anpassungsfähigen Vegetarier heute in ihrem Bestand nicht mehr bedroht.

Nasenaffe
Nasalis larvatus

Proboscis monkey
Nasique

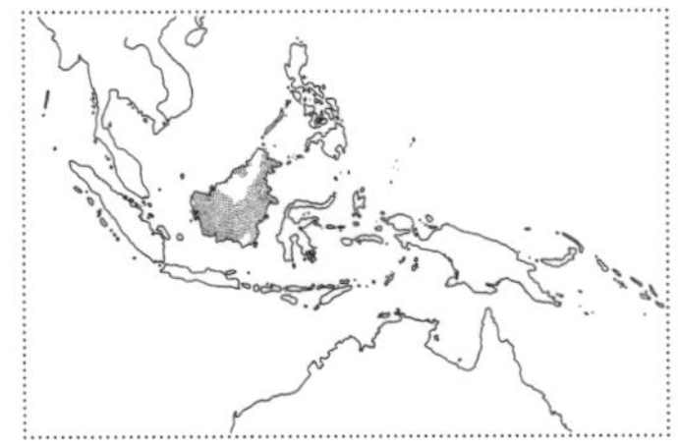

In den Mangrovensümpfen Borneos müssen diese Pinocchios unter den Primaten immer mal wieder hundepaddelnd die Ufer wechseln. Außergewöhnlich ist *Nasalis larvatus* aber nicht nur wegen Schwimmhäuten zwischen den Zehen. Hinzu kommt der namensgebende Riecher. Hält sich die Nase der Weibchen noch in Maßen, wächst er sich bei Männchen derart aus, dass der Proboscis beim Essen stört, weil er bis vor den Mund hängt. Warum aber hat sich das prominente Pendulum überhaupt entwickelt? Einerseits könnten die Riesennasen tropischer Thermoregulation dienen, indem sie, ähnlich Segelohren von Elefanten, Wärme ableiten. Da Weibchen nur die Hälfte der 24 Kilogramm eines erwachsenen Mannes wiegen, fällt ihre Nase entsprechend moderater aus. Für die Vermutung spricht, dass Nasenaffenmänner beim Ruhen ihr Gesicht von der Sonne abwenden und nahezu unablässig mit einer Erektion herumlaufen – kann ein steifer Penis doch auch als Kühlaggregat dienen. Andererseits mag das ›Handicap-Prinzip‹ am Werk sein. Demnach wäre der Appendix ein kostspieliges Signal, das auf Weibchen eben deshalb Eindruck macht, weil es keine praktische Funktion hat und die Träger behindert – ähnlich einem ausladenden Pfauenschwanz. Wer es sich leisten kann, solch unnützen Dekor herumzuschleppen, zeigt an, genetisch und körperlich besonders fit zu sein, weshalb Weibchen fettnasige Männchen zur Fortpflanzung wählen.

Schopfmakak
Macaca nigra

Celebes crested macaque
Macaque nègre

Drei Dinge zeichnen *Macaca nigra* unter den 25 anderen Makakenarten aus: pechschwarze Haut und Haare, punkiges Kopfbüschel und Stummelschwanz. Ein nennenswerter Sterz fehlt auch Makaken in Nordafrika und Japan, die im Winter Schnee ertragen müssen, was die Vermutung nährt, ein Schwanz könnte unpraktisch sein, kann er doch abfrieren. Schopfaffen strafen die Theorie Lügen, weil ihre Inselheimat Sulawesi – früher Celebes – stets tropisch warm ist. Gleichwohl: Da ansonsten nur Menschenaffen schwanzlos sind, avancierte der einfache Affe im Englischen zum *black ape*. Vielleicht sind Schopfaffen schwanzlos, weil sie selten durchs Geäst springen und meist auf dem Boden Nahrung suchen. Charles Darwin bildete 1872 einen Schopfaffen in seinem Werk *Der Ausdruck der Gemütsbewegungen bei den Menschen und den Tieren* ab, um Parallelen der Mimik zu illustrieren, eine Stütze für seine Theorie gemeinsamer Abstammung. Ein weiterer Schopfaffe schrieb 2014 Geschichte, nachdem Naturfotograf David Slater eine Kamera so installiert hatte, dass Affen sie auslösen konnten. Als einige der Selfies auf Wikipedia hochgeladen wurden, wollte Slater Einkommensverlust geltend machen und die populär gewordenen Fotografien aus dem kostenlosen Medienarchiv entfernen lassen. Gerichte entschieden allerdings, von Nicht-Menschen erstellte Fotografien könnten nicht urheberrechtlich geschützt werden. Was würde der Schopfmakak wohl dazu sagen?

Weißnasenmeerkatze
Cercopithecus nictitans

Putty-nosed guenon
Cercopithèque hocheur

Jedes Kind würde diesem Affen genau diesen Namen geben, zieht der helle Fleck inmitten dunkler Gesichtshaare doch geradezu magnetisch die Aufmerksamkeit auf sich. Meerkatze wiederum spielt darauf an, dass die Tiere übers Wasser nach Europa verfrachtet wurden und katzengleich klettern. Der Gattungsname steht für griechisch *píthēkos*, Affe, und *kérkos*, Schwanz. Während Schwanzaffen in der ganzen Subsahara leben, sind die Naseweißen auf West- und Zentralafrika beschränkt. Bis zwölf Kilogramm wiegend, streifen sie in Gruppen von 15 bis 40 Tieren umher – so auch bei unserer Forschungsstation in Gashaka in Nigeria. Wir bemerkten, dass erwachsene Männchen beim Sehen oder Hören eines Leoparden einen oder mehrere *Piauh*-Rufe ausstoßen, während sie bei Gefahr von oben durch Kronenadler *Häck*-Rufe äußern, oder *Häcks*, gefolgt von *Piauhs.* Werden die Laute jedoch anders herum kombiniert, etwa in der Sequenz *piauh piauh häck häck häck*, bedeuten sie etwas gänzlich anderes, nämlich: Lasst uns aufbrechen und anderswo hinziehen. Durch Experimente mit Attrappen von Raubkatzen und Greifvögeln sowie Playbacks aus Lautsprechern ließen sich die jeweiligen Reaktionen verlässlich auslösen. Damit wird infrage gestellt, dass allein Menschen durch umgestellte Kombination derselben Laute andersartige Informationen übermitteln können; denn die naseweisen Affen vermögen das auch.

Weiterführende Literatur

Alfred Edmund Brehm: ***Illustrirtes Thierleben. Eine allgemeine Kunde des Thierreichs.*** Bd. 1. *Die Säugethiere. Erste Hälfte. Affen und Halbaffen, Flatterthiere und Raubthiere,* Hildburghausen 1864 (Faksimile Stuttgart 1979).

Robert Boyd, Joan B. Silk: ***How Humans Evolved,*** New York 2020.

Christina Campbell, Agustin Fuentes, Katherine MacKinnon, Simon Bearder, Rebecca Stumpf: ***Primates in Perspective,*** New York 2010.

Alan F. Dixson: ***Primate Sexuality,*** Oxford 2012.

Phyllis Dolhinow, Agustin Fuentes (Hg.): ***The Nonhuman Primates,*** Mountain View 1999.

Robin Dunbar, Louise Barrett: ***Cousins. Our Primate Relatives,*** London 2000.

Dean Falk: ***Primate Diversity,*** New York, London 2000.

Thomas Geissmann: ***Vergleichende Primatologie,*** Berlin 2003.

Horst-Jürgen Gerigk: ***Der Mensch als Affe,*** Hürtgenwald 1989.

Bernhard Grzimek (Hg.): ***Grzimeks Enzyklopädie Säugetiere,*** Bd. 2, München 1988.

Hans Werner Ingensiep: ***Der kultivierte Affe. Philosophie, Geschichte und Gegenwart,*** Stuttgart 2013.

Horst Woldemar Janson: ***Apes and Ape Lore in the Middle Ages and the Renaissance,*** London 1952.

Alison Jolly: ***The Evolution of Primate Behavior,*** New York 1985.

Robert D. Martin: ***Primate Origins and Evolution,*** Princeton 1990.

John Mitani, Josep Call, Peter Kappeler, Ryne Palombit, Joan Silk (Hg.): ***The Evolution of Primate Societies,*** Chicago 2021.

Noel Rowe, Marc Myers (Hg.): ***All the World's Primates,*** Charlestown 2017.

Andreas Paul: ***Von Affen und Menschen. Verhaltensbiologie der Primaten,*** Darmstadt 1998.

Thomas Schaefer, Peter Köhler (Hg.): ***Das Affen-Buch,*** Zürich 1994.

Adolph H. Schultz: ***Die Primaten,*** Lausanne 1971.

Barbara B. Smuts, Dorothy L. Cheney, Robert M. Seyfarth, Richard W. Wrangham, Thomas T. Struhsaker (Hg.): ***Primate Societies,*** Chicago 1987.

Volker Sommer: ***Die Affen. Unsere wilde Verwandtschaft,*** Hamburg 1988; ***Unter Mitprimaten. Ansichten eines Affenforschers,*** Stuttgart 2021.

Volker Sommer, Paul Vasey (Hg.): ***Homosexual Behaviour in Animals,*** Cambridge 2006.

Craig Stanford, John S. Allen, Susan C. Antón: ***Biological Anthropology,*** Upper Saddle River 2012.

Karen Strier: ***Primate Behavioral Ecology,*** Boston 2021.

Abbildungsverzeichnis

Seite 69 Wilhelm Busch, *Fipps der Affe*. München 1879.

Seite 72 *Ein Besuch im Atelier des Künstlers*. Gabriel von Max, 1867.

Seite 76 Kitsch-Skulptur, modern.

Seite 79 Alan F. Dixson, *Primate Sexuality* (Zeichnung: A. F. Dixson), Oxford 2012 © A. F. Dixson.

Seite 83 *Midare Gami* (Haar in Unordnung). Keisai Eisen, um 1817 (Ausschnitt).

Seite 90 Charles d'Orbigny u. a., *Dictionnaire universel d'histoire naturelle*, Band 1, Atlas, Paris 1849.

Seite 93 A. E. Brehm, *Illustrirtes Thierleben. Eine allgemeine Kunde des Thierreichs,* Band 1, Hildburghausen 1884.

Seite 96 Isidore Geoffroy Saint-Hilaire, *Description des mammifères. Première mémoire: Famille des singes*, Paris 1843.

Seite 99 Francis de Castelneau, *Expédition dans les parties centrales de l'Amérique du Sud, de Rio de Janeiro à Lima, et de Lima au Para*, Paris 1856.

Seite 103 *Die Botaniker.* Gabriel von Max, 1900–1915.

Seite 106 Naruto, *Selfie,* Sulawesi, Indonesien 2011.

Seite 111 *Der Mandrill.* Franz Marc, 1913.

Seite 114 Jean Reutlinger, *Album Reutlinger de portraits divers,* Band 35, zwischen 1875–1917.

Seite 117 *Affe vor Skelett.* Gabriel von Max, ca. 1900.

Seiten 115–131 Illustrationen von Falk Nordmann, Berlin 2023.

Volker Sommer, 1954 in Holzhausen am Reinhardswald in Nordhessen geboren, ist Evolutionsbiologe und Primatologe, der seit Jahrzehnten das Verhalten und die Ökologie wilder Primaten erforscht. Er ist Professor für Evolutionäre Anthropologie am UCL (University College London).

NATURKUNDEN № 94
Erste Auflage Berlin 2023

NATURKUNDEN
herausgegeben von Judith Schalansky
erscheinen bei Matthes & Seitz Berlin
ermöglicht durch Jan Szlovak, Hamburg

EINBAND UND TYPOGRAFIE Pauline Altmann, Palingen
nach einem Entwurf von Judith Schalansky
TITELILLUSTRATION Pauline Altmann, Palingen
SCHRIFT Ingeborg von Michael Hochleitner/Typejockeys
LITHOGRAFIE Tomas Mrazauskas, Berlin
HERSTELLUNG Hermann Zanier, Berlin
PAPIER 100 g/m² Fly 04 hochweiß, 1,2-faches Volumen
EINBANDMATERIAL Napura® Khepera von
Winter & Company GmbH, Lörrach
DRUCK UND BINDUNG Pustet, Regensburg

ISBN 978-3-7518-4003-3

www.naturkunden.de
www.matthes-seitz-berlin.de